科学のアルバム

水生昆虫のひみつ

増田戻樹

あかね書房

もくじ

監修●高家博成
構成●七尾　純
編集協力●茂木美和子
写真提供●久保秀一
（ゲンゴロウの幼虫30ページ）
イラスト●吉谷昭憲
むかいながまさ
渡辺洋二
林　四郎
装丁●画　工　舎

科学のアルバム

水生昆虫のひみつ

増田戻樹（ますだ もどき）

一九五〇年、東京都に生まれる。幼《おさな》いころからの動物好きで、高校生のころより、写真に興味《きょうみ》をもつ。都立農芸高校を卒業後、動物商に勤務《きんむ》。

一九七一年より、フリーの写真家として独立《どくりつ》。

一九八四年より、山梨《やまなし》県小渕沢《こぶちざわ》町に移《うつ》り住み、おもに、近隣《きんりん》の動植物を撮《と》りつづけている。

著書《ちょしょ》に「オコジョのすむ谷」「森に帰ったラッちゃん」「子リスをそだてた森」「カメレオンに会いたい」（共にあかね書房）、「ヤマネ家族」（河出書房新社）、「オコジョ—白い谷の妖精《ようせい》」（講談社）、「ニホンリス」（文一総合出版）、「夜の美術館《びじゅつかん》—八ヶ岳《やつがたけ》星座《せいざ》物語」（世界文化社）など多数ある。

日本写真家協会《きょうかい》会員。

羽《はね》があるのに、水面《すいめん》や水《みず》の中《なか》で
くらしている昆虫《こんちゅう》がいます。
水生昆虫《すいせいこんちゅう》です。
どんなくらしをしているのか、
さぐってみましょう。

●オタマジャクシをとらえて体液《たいえき》をすうタガメ。

水《みず》の中《なか》で生《い》きる昆虫《こんちゅう》

春《はる》になって水温《すいおん》があがると、池《いけ》や小川《おがわ》の生《い》き物《もの》たちが、元気《げんき》よく活動《かつどう》をはじめます。

魚《さかな》やオタマジャクシをあみですくっていると、ときどきトンボの幼虫《ようちゅう》（ヤゴ）や羽《はね》をもった虫《むし》がまじってつかまることがあります。これらが水生昆虫《すいせいこんちゅう》です。

水生昆虫《すいせいこんちゅう》は大《おお》きく二つのグループに分《わ》けられます。一つは幼虫《ようちゅう》の時代《じだい》だけ水中《すいちゅう》でくらし、成虫《せいちゅう》になると陸上《りくじょう》のくらしにかわるトンボやカワゲラのなかまです。もう一

⬆あみですくった水生昆虫《すいせいこんちゅう》。左《ひだり》からガムシ，ミズカマキリ，ヒメミズカマキリ，右下《みぎした》もミズカマキリ。春《はる》にみかける水生昆虫《すいせいこんちゅう》の成虫《せいちゅう》は，どれも成虫《せいちゅう》の姿《すがた》で冬《ふゆ》を越《こ》してきたものです。

➡水生昆虫《すいせいこんちゅう》がすむ環境《かんきょう》。大《おお》きな池《いけ》より，たんぼの近《ちか》くにある小川《おがわ》や小《ちい》さな池《いけ》，まわりに草《くさ》がしげっている水《みず》たまりなどに，おおくすんでいます。

つはタガメやゲンゴロウなどのように、成虫《せいちゅう》になってからもおもに水中《すいちゅう》でくらしているなかまです。

すんでいる環境《かんきょう》もちがいます。カワゲラやトンボのなかまの一部《いちぶ》は、幼虫《ようちゅう》が流《なが》れのきれいな渓流《けいりゅう》にすんでいます。いっぽうタガメやゲンゴロウは、小川《おがわ》にもすんでいますが、おもにたんぼや池《いけ》、沼《ぬま》など、流《なが》れのないところにすんでいます。

この本《ほん》では、タガメやゲンゴロウなど、成虫《せいちゅう》になってからもほとんど水中《すいちゅう》でくらす水生昆虫《すいせいこんちゅう》の生活《せいかつ》をしらべてみることにしました。

陸上《りくじょう》にすむ甲虫《こうちゅう》，コフキコガネ（体長《たいちょう》３cm）。かむ口《くち》をもっていて，葉《は》や花《はな》びらなどを食《た》べて生《い》きています。陸上《りくじょう》の甲虫《こうちゅう》のなかまには，肉食性《にくしょくせい》のものもいます。

⬆ゲンゴロウの成虫《せいちゅう》（体長《たいちょう》3.5cm〜４cm）。陸上《りくじょう》の甲虫《こうちゅう》ににた姿《すがた》をしていますが，より水中生活《すいちゅうせいかつ》につごうのよいからだつきをしています。

甲虫《こうちゅう》のなかまとカメムシのなかま

水生昆虫《すいせいこんちゅう》は、さらに二つのグループに分《わ》けられます。カブトムシなどと同《おな》じ甲《こう》虫《ちゅう》のなかまとカメムシのなかまです。

甲虫《こうちゅう》のなかまの口《くち》は、かむ口《くち》です。するどいあごで、とらえた獲物《えもの》の肉《にく》を食《く》いちぎって食《た》べてしまいます。いっぽうカメムシのなかまの口《くち》は、ストロー状《じょう》になっていて、とらえた獲物《えもの》のからだにつきさして、体液《たいえき》をすって生《い》きています。

水生昆虫《すいせいこんちゅう》のおおくは夜行性《やこうせい》です。日中《にっちゅう》は、水底《すいてい》につもっている落《お》ち葉《ば》や水草《みずくさ》などのあいだにかくれていて、夜《よる》になると獲物《えもの》をもとめて活動《かつどう》をはじめます。

陸上《りくじょう》にすむカメムシ，ツノアオカメムシ（体長《たいちょう》２cm）。ストロー状《じょう》の口《くち》で植物《しょくぶつ》のしるなどをすって生《い》きています。陸上《りくじょう》のカメムシのなかまには肉食《にくしょく》のものもいます。

⬅タガメの成虫《せいちゅう》（体長《たいちょう》四・三〜六・五センチメートル）。日本《にっぽん》最大《さいだい》の水生昆虫《すいせいこんちゅう》。「たんぼにすむカメムシ」という意味《いみ》です。農薬《のうやく》の使用《しよう》や環境《かんきょう》の変化《へんか》で、最近《さいきん》はなかなかみられません。

⬇体液《たいえき》をすわれて死《し》んだカエルの子《こ》ども。このようなものがあったら，その近《ちか》くに水生昆虫《すいせいこんちゅう》がいるしるしです。

⬆ミズカマキリの頭部《とうぶ》（上《うえ》）と前足《まえあし》（下《した》）。かぎ状《じょう》にまがった前足《まえあし》で，獲物《えもの》をしっかりとつかまえながら，ストロー状《じょう》の口《くち》をつきさして体液《たいえき》をすいます。

⬆終齢《しゅうれい》幼虫《ようちゅう》になって約《やく》２週間《しゅうかん》後《ご》，さなぎになる部屋《へや》（蛹《よう》室《しつ》）をつくります。

➡水中《すいちゅう》を泳《およ》ぐゲンゴロウの２齢幼虫《れいようちゅう》。もう一度《ど》脱皮《だっぴ》をして３齢幼虫《れいようちゅう》になります。３齢《れい》が終齢幼虫《しゅうれいようちゅう》です。

ゲンゴロウの誕生《たんじょう》

二つのグループのちがいは、口《くち》のしくみだけではありません。成長《せいちょう》のしかたにも大《おお》きなちがいがみられます。そこでまず、甲虫《こうちゅう》のなかまのゲンゴロウの成長《せいちょう》のしかたをしらべてみましょう。

ゲンゴロウのめすは、水草《みずくさ》の茎《くき》をかじってあなをあけ、そこに産卵管《さんらんかん》をさしこんで、たまごをうみます。約《やく》半月《はんつき》後《ご》にはたまごはふ化《か》して、幼虫《ようちゅう》が茎《くき》の中《なか》からでてきます。

幼虫《ようちゅう》は小《ちい》さな生《い》き物《もの》をえさにしながら成長《せい》し、脱皮《だっぴ》を二回《かい》くりかえします。やがて幼虫《ようちゅう》は陸《りく》にあがり、水辺《みずべ》の土《つち》の中《なか》に部屋《へや》をつくって、その中《なか》でさなぎになります。

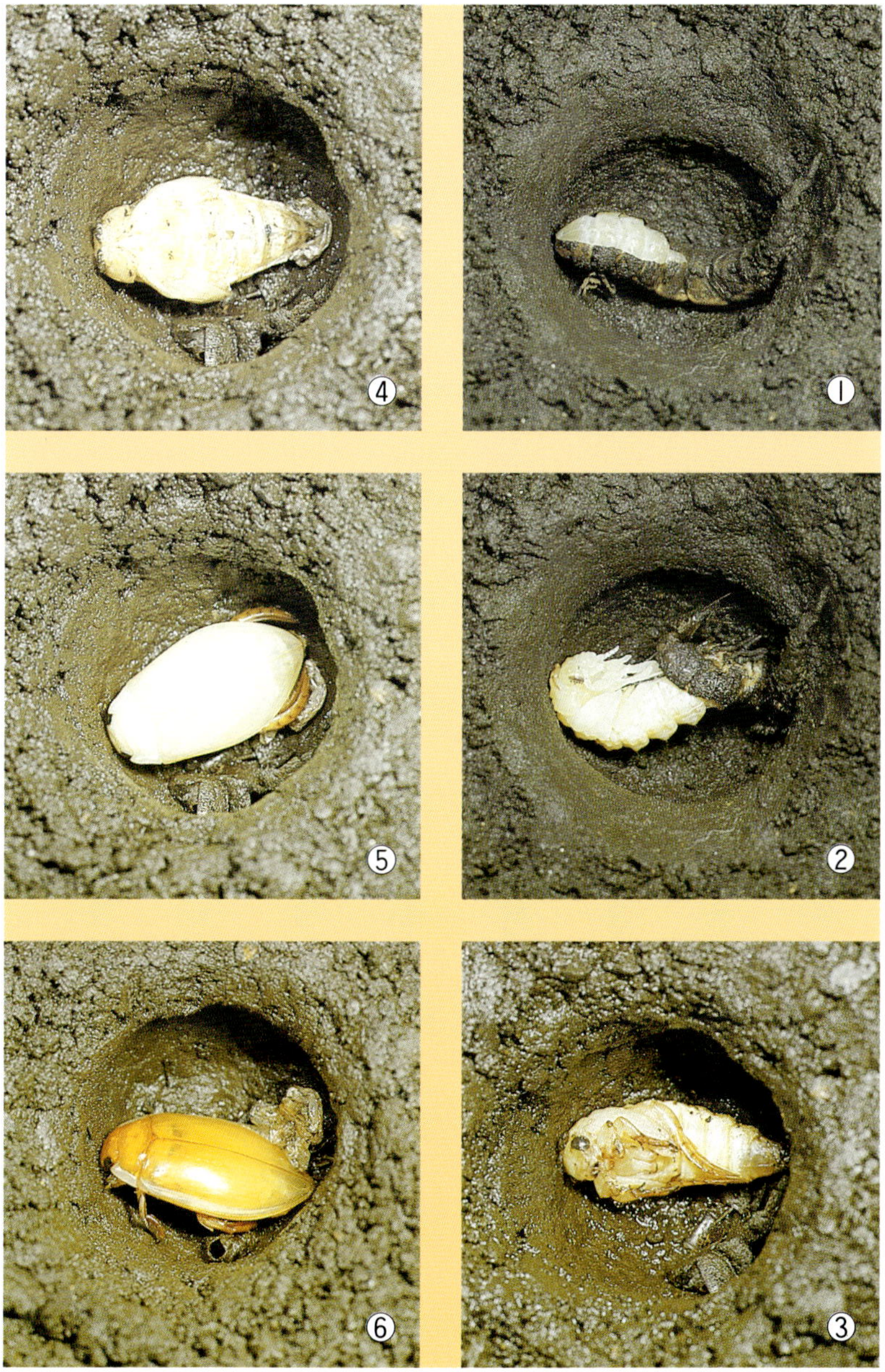

①蛹室《ようしつ》ができたあと，あまり動《うご》かなくなってから約《やく》4日《か》め，幼虫《ようちゅう》はさなぎの姿《すがた》にかわりはじめます。②背中《せなか》がわれて，脱皮《だっぴ》がはじまります。皮《かわ》をぬぎおわるまで20分《ぷん》ぐらいかかります。③蛹室《ようしつ》の中《なか》で，さなぎは，からだの向《む》きを上下《じょうげ》にかえたり，横《よこ》になったりします。④さなぎになってから約《やく》12日《にち》めの朝《あさ》，羽化《うか》がはじまりました。⑤約《やく》20分《ぷん》ほどで羽化《うか》がおわり，成虫《せいちゅう》が誕生《たんじょう》しました。からだも羽《はね》も，まだまっ白《しろ》です。⑥それから約《やく》6時《じ》間後《かんご》，からだの色《いろ》は黄色《きいろ》っぽくかわりました。

それから約《やく》二週間後《しゅうかんご》、羽化《うか》をして成虫《せいちゅう》になり、地上《ちじょう》にはいだしてきます。

このように甲虫《こうちゅう》のグループは、完全変態《かんぜんへんたい》といって、たまご、幼虫《ようちゅう》、さなぎ、と大《おお》きく姿《すがた》をかえて成長《せいちょう》します。

⬆幼虫《ようちゅう》の脱皮《だっぴ》。ふ化後《かご》，わずか数日《すうじつ》で２齢幼虫《れいようちゅう》になります。

⬅獲物《えもの》をとらえた終齢幼虫《しゅうれいようちゅう》。終齢幼虫《しゅうれいようちゅう》になってから，およそ16日ほどで羽化《うか》をむかえます。

タガメの誕生《たんじょう》

いっぽう、カメムシのなかまのタガメのめすは、水面《すいめん》からでているくい・や木《き》の枝《えだ》、水草《みずくさ》の茎《くき》などに、たくさんのたまご・を・ま・とめてうみます。たまごから生《う》まれた幼虫《ようちゅう》は、すぐ水中《すいちゅう》にはいり、小《ちい》さな生《い》き物《もの》をとらえて、その体液《たいえき》をすって成長《せいちょう》をはじめます。

幼虫《ようちゅう》は、四回《かい》の脱皮《だっぴ》をくりかえして終齢《しゅうれい》幼虫《ようちゅう》になります。幼虫《ようちゅう》の姿《すがた》はどの成長段階《せいちょうだんかい》でも、羽《はね》がないことをのぞけば、成虫《せいちゅう》の姿《すがた》とよくにていますね。これを不完全変態《ふかんぜんへんたい》といい、カメムシのなかまの特《とく》ちょうです。

終齢幼虫《しゅうれいようちゅう》は、やがて水面《すいめん》で最後《さいご》の脱皮《だっぴ》(羽化《うか》)をして、成虫《せいちゅう》になります。

⬅羽化《うか》まぢかい終齢幼虫《しゅうれいようちゅう》。さかんにからだを，のびちぢみさせます。

⬅羽化《うか》のはじまり。約《やく》25分《ふん》かかって，成虫《せいちゅう》のからだがじわじわとおしだされるようにでてきます。

⬇羽化直後《うかちょくご》のタガメの成虫《せいちゅう》。からだはまだやわらかく，黄色《きいろ》い色《いろ》をしています。約《やく》1日《にち》でからだがかたくなり，親《おや》と同《おな》じ色《いろ》にかわります。

水面《すいめん》にむらがるアメンボ。飛《と》ぶ力《ちから》がつよく，水《みず》たまりなどにもよく飛《と》んできます。

水面《すいめん》を利用《りよう》するなかま

水生昆虫《すいせいこんちゅう》は種類《しゅるい》によって、活動《かつどう》の場所《ばしょ》もちがえば、獲物《えもの》のとりかたもさまざまです。

水面上《すいめんじょう》で活動《かつどう》しているものがいます。アメンボやミズスマシです。アメンボは水《みず》の上《うえ》をすべるように移動《いどう》しながら、水面《すいめん》に落《お》ちてきた虫《むし》をつかまえます。ミズスマシは水面《すいめん》をいそがしそうに泳《およ》ぎまわり、水面《すいめん》に落《お》ちた小《ち》さな虫《むし》などを食《た》べて生《い》きています。

水面《すいめん》に落《お》ちてきた虫《むし》を、水面《すいめん》の下《した》からねらっているものもいます。

ミズスマシ（体長《たいちょう》0.5cm）。甲虫《こうちゅう》のなかま。頭部《とうぶ》の上下《じょうげ》に一対《つい》ずつ，図《ず》のような４つの目をもっていて，水面《すいめん》の上《うえ》と下《した》を同時《どうじ》にみることができます。中足《なかあし》とうしろ足《あし》を１秒間《びょうかん》に50回《かい》も動《うご》かし，水面《すいめん》をめまぐるしく泳《およ》ぎまわります。

上《うえ》，アメンボ（体長約《たいちょうやく》1.5cm）。カメムシのなかま。水面《すいめん》をすすむときは，中足《なかあし》をオールのようにつかい，前足《まえあし》とうしろ足《あし》ですすむ方向《ほうこう》をきめます。前足《まえあし》は，獲物《えもの》をつかまえるときにもつかいます。下《した》，マツモムシ（体長《たいちょう》約《やく》1.3 cm）。カメムシのなかま。水《すい》面下《めんか》をさかさまになって泳《およ》ぎ，前足《まえあし》や中足《なかあし》，おしりの先《さき》にはえているこまかい毛《け》で，落《お》ちてきた虫《むし》がおこす水面《すいめん》の振動《しんどう》を感《かん》じとります。水面《すいめん》の獲物《えもの》だけでなく，水中《すいちゅう》のミジンコなども食《た》べます。写真《しゃしん》は，下《した》が本物《ほんもの》で，上《うえ》は水面《すいめん》にうつった影《かげ》です。

マツモムシです。マツモムシは水中《すいちゅう》をさかさになって移動《いどう》しながら、落《お》ちてきた虫《むし》だけでなく、アメンボなどもおそいます。つまり、これらの昆虫《こんちゅう》は、水面《すいめん》を捕虫網《ほちゅうもう》がわりにつかっているわけです。

⬆コオイムシ（体長約《たいちょうやく》2 cm）。前足《まえあし》が小《ちい》さいので，自分《じぶん》のからだの大《おお》きさぐらいまでの獲《え》物《もの》しかとらえられません。

➡ミズカマキリ（体長約《たいちょうやく》4.5 cm）。水草《みずくさ》にまぎれて獲物《えもの》をまちぶせます。オタマジャクシ，小魚《こざかな》，エビなどだけでなく，小《ちい》さな虫《むし》もたくみにとらえます。

水《すい》中《ちゅう》で待《ま》ちぶせるなかま

水《すい》中《ちゅう》で待《ま》ちぶせて獲《え》物《もの》をつかまえるなかまもいます。コオイムシ、ミズカマキリ、タガメなどがそうです。

これらのなかまは、水《みず》草《くさ》や落《お》ち葉《ば》など、まわりの物《もの》と姿《すがた》や色《いろ》がにているのが特《とく》ちょうです。水《みず》草《くさ》や落《お》ち葉《ば》のかげにかくれて、じっとしていれば気《き》づかれることはありません。しらずに近《ちか》よってきた獲《え》物《もの》を、かぎ状《じょう》の前《まえ》足《あし》でさっとつかまえてしまうのです。

でも、いつも成《せい》功《こう》するとはかぎりません。オタマジャクシなどはうまくつかまえることができても、魚《さかな》や動《うご》きのはやい生《い》き物《もの》は、なかなかつかまえることができないようです。

⬆ツチガエルをとらえたタガメ。タガメは虫《むし》のほかに魚《さかな》やカエルなど大《おお》きな生《い》き物《もの》もおそいます。体液《たいえき》をすいとられたあとには骨《ほね》と皮《かわ》だけがのこります。

⬆死《し》んだタナゴを食《た》べるゲンゴロウ（大《おお》きいほう）と，クロゲンゴロウ（小《ちい》さいほう）。するどいあごで皮《かわ》まで食《た》べてしまい，あとには骨《ほね》だけしかのこりません。

➡ガムシの幼虫《ようちゅう》をとらえたゲンゴロウの終齢幼虫《しゅうれいようちゅう》。ゲンゴロウの幼虫《ようちゅう》は，大《おお》きなきばで獲物《えもの》にかみつくと，きばにある管《くだ》から消化液《しょうかえき》をながしこみ，肉《にく》をとかしてすいとります。

←くさった草《くさ》の茎《くき》を食《た》べるガムシ。おもに草食性《そうしょくせい》ですが，産卵《さんらん》シーズンには，肉食《にくしょく》もします。

↓ガムシ（体長約《たいちょうやく》2.3 cm）。甲虫《こうちゅう》のなかま。昼間《ひるま》は草《くさ》や水草《みずくさ》の中《なか》などにかくれていることがおおく，夜《よる》になると活動《かつどう》をはじめます。

泳《およ》ぎまわって獲物《えもの》をとるなかま

水中《すいちゅう》を活発《かっぱつ》に泳《およ》ぎまわって獲物《えもの》をさがすなかまもいます。ゲンゴロウのなかまは、水中《すいちゅう》や水底《すいてい》を泳《およ》ぎまわり、よわった生《い》き物《もの》や、死《し》んだ魚《さかな》をみつけて食《た》べます。

無器用《ぶきよう》に水中《すいちゅう》を泳《およ》ぎまわっているのはガムシです。ガムシのなかまは、おもに草食《そうしょく》性《せい》で、水草《みずくさ》やくさった植物《しょくぶつ》を食《た》べます。

いってみればゲンゴロウもガムシも、水《すい》中《ちゅう》のそうじ屋《や》さんの役目《やくめ》をしているのです。

でも、どちらの幼虫《ようちゅう》も肉食性《にくしょくせい》です。するどいあごをもっていて、小《ちい》さな魚《さかな》や昆虫《こんちゅう》にであうと、てあたりしだいにかみついて、えさにしてしまいます。

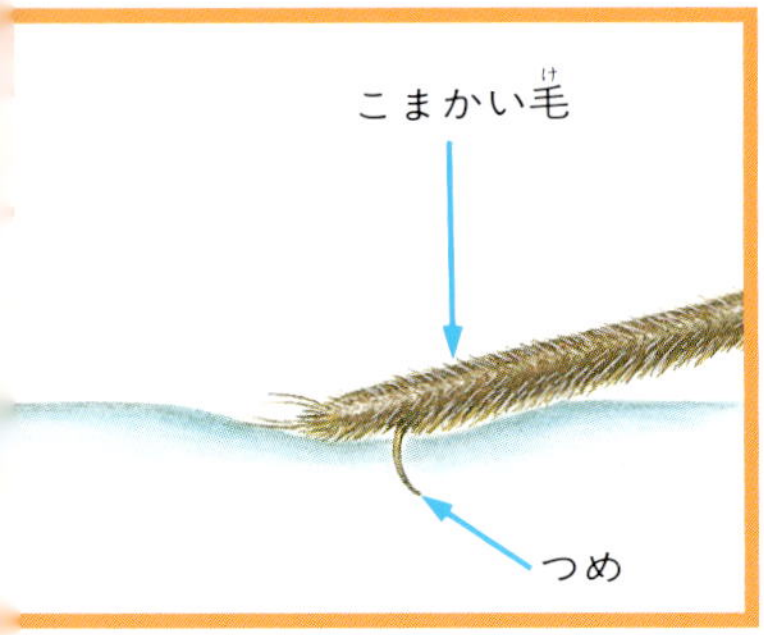

⬆アメンボの足《あし》の先《さき》。こまかい毛《け》は，体内《たいない》から分泌《ぶんぴ》する油《あぶら》でぬれていて，水《みず》をはじきます。毛《け》と毛《け》のあいだには，空気《くうき》がふくまれていて，はじく力《ちから》をつよめます。

⬆水面《すいめん》にうくアメンボ。足先《あしさき》がふれている水面《すいめん》は，アメンボの重《おも》みでくぼんでいますが，水《みず》の表面張力《ひょうめんちょうりょく》のおかげでしずみません。

水面《すいめん》を歩《ある》くのに適《てき》したからだ

アメンボは、どうして水面《すいめん》を自由《じゆう》に歩《ある》きまわることができるのでしょう。そのひみつはアメンボの軽《かる》いからだ、足《あし》のしくみ、それに水面《すいめん》のはたらきにあります。

水面《すいめん》にはふしぎな性質《せいしつ》があります。水《みず》にぬれやすい物《もの》がふれると、中《なか》にひきこもうとし、はんたいに水《みず》にぬれにくい物《もの》がふれると上《うえ》におしあげようとします。このはたらきを表面《ひょうめん》張力《ちょうりょく》といいます。

アメンボはとても軽《かる》く、※四十ミリグラムぐらいしかありません。そのうえ足の先には、水《みず》にぬれにくい毛《け》がたくさんはえているので、水面《すいめん》におしあげられてうかんでいるのです。

※一ミリグラムは千分《せんぶん》の一グラムです。

⬆水面《すいめん》にトンボが落《お》ちてできた波《は》もんを足《あし》で感《かん》じとり，集《あつ》まってきたアメンボたち。このあと，トンボはアメンボたちのえさになってしまいました。

水《みず》の上《うえ》を歩《ある》いてえさをさがすクモがいます。ハシリグモのなかまです。アメンボと同《おな》じように，足《あし》の先《さき》にはえているこまかい毛《け》が，水《みず》をはじく役目《やくめ》をしています。

⬆水中《すいちゅう》を泳《およ》ぐゲンゴロウ。でも地上《ちじょう》を歩《ある》いたり木《き》にのぼったりすることは苦手《にがて》です。

水中《すいちゅう》を泳《およ》ぐのに適《てき》したからだ

いっぽう、水中《すいちゅう》で活動《かつどう》しているなかまは、たくみに水中《すいちゅう》を泳《およ》ぐことができる足《あし》やからだのしくみをもっています。

水生昆虫《すいせいこんちゅう》のおおくは、中足《なかあし》やうしろ足《あし》に、たくさんの毛《け》がはえています。この毛《け》が水《みず》をかくとき立《た》ちあがって、いちどにたくさんの水《みず》をかくことができるのです。

なかでもゲンゴロウのなかまは、からだ全体《ぜんたい》が流線型《りゅうせんけい》をしています。この形《かたち》だと、からだにうける水《みず》の抵抗《ていこう》がすくないので、水中《すいちゅう》を魚《さかな》のようにすばやく泳《およ》ぎまわることができるのです。

●うしろ足《あし》の比較《ひかく》。水生昆虫《すいせいこんちゅう》のうしろ足《あし》にはえている毛《け》のようすは，種類《しゅるい》によってちがいます。待《ま》ちぶせて獲物《えもの》をとるものは比較的《ひかくてき》毛《け》が短《みじか》く，泳《およ》ぎまわって獲《え》物《もの》をつかまえるものは長《なが》く，しかも密集《みっしゅう》しています。ゲンゴロウのうしろ足《あし》の毛《け》が，いちばん密集《みっしゅう》していることがわかります。①ゲンゴロウ②タガメ③ミズカマキリ④ガムシ⑤マツモムシ⑥タイコウチ。

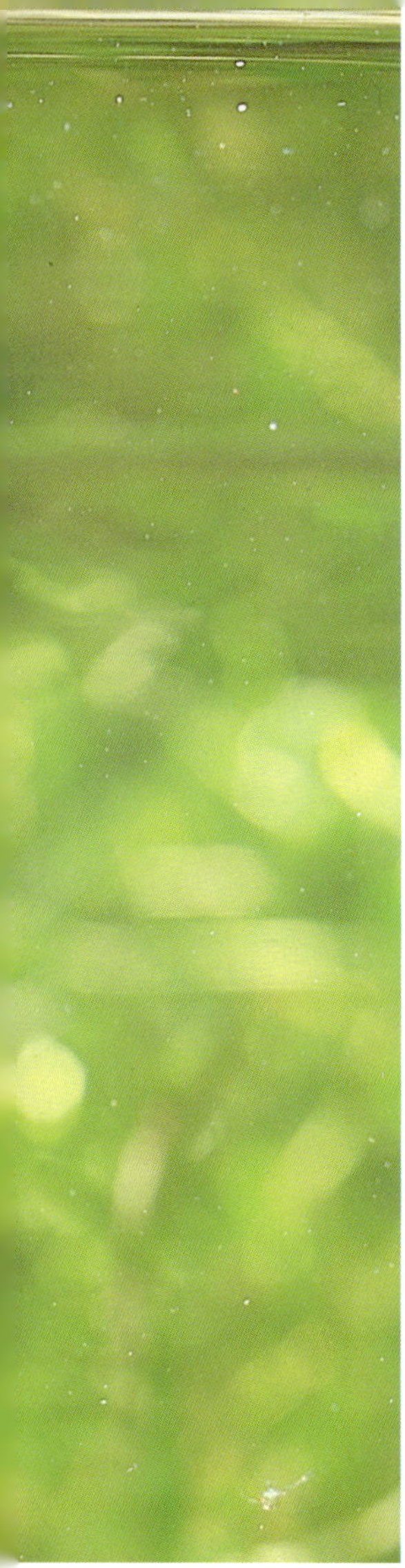

⬆➡ガムシは，頭部《とうぶ》と胸部《きょうぶ》のくびれあたりから空気《くうき》をとりこみ，腹部《ふくぶ》の下《した》にたくわえます。

呼吸《こきゅう》の方法《ほうほう》——ボンベ型《がた》

水生昆虫《すいせいこんちゅう》は、もともとは陸上《りくじょう》でくらしていた昆虫《こんちゅう》ですから、胸部《きょうぶ》と腹部《ふくぶ》にある気門《きもん》から空気《くうき》をとりいれて呼吸《こきゅう》します。そこで水生昆虫《すいせいこんちゅう》は、水中《すいちゅう》でも呼吸《こきゅう》ができるように、独特《どくとく》な方法《ほうほう》を身《み》につけました。

その一つは、気門《きもん》に近《ちか》いところに空気《くうき》をためこんで水中《すいちゅう》にもぐる方法《ほうほう》です。たとえばゲンゴロウやコオイムシは、背中《せなか》とかたい羽《はね》のあいだに空気《くうき》をためこみます。ガムシは腹部《ふくぶ》の下《した》に空気《くうき》をためこみます。まるで人間《にんげん》が空気《くうき》ボンベを背中《せなか》に背《せ》おって水中《すいちゅう》にもぐるのと、よくにていますね。

↑空気《くうき》をとりこむゲンゴロウ。0.5～数秒《すうびょう》のうちに新《あたら》しい空気《くうき》をとりこみます。そのときの水温《すいおん》にもよりますが，1回《かい》空気《くうき》をとりこむと，およそ2～10分近《ぶんちか》くもぐっていることができます。よぶんにとりこんだ空気《くうき》は，あわにしてすてます。

←空気《くうき》をとりこんだ直後《ちょくご》のコオイムシ。腹《はら》の先《さき》の短《みじか》い呼吸管《こきゅうかん》から空気《くうき》をとりいれることもできますが，どちらかといえば羽《はね》と背中《せなか》のあいだに空気《くうき》をためるタイプです。ためこんだ空《くう》気《き》のあわが光《ひか》ってみえます。

↑右《みぎ》，空気《くうき》をとりいれるタガメの成虫《せいちゅう》。
→腹《はら》の先《さき》にのびちぢみする呼吸管《こきゅうかん》があり，空気《くうき》をとりいれるときだけ呼吸管《こきゅうかん》をのばします。上《うえ》，幼虫《ようちゅう》は羽《はね》がないうえに呼吸管《こきゅうかん》が未発達《みはったつ》です。そのかわり，からだの表面《ひょうめん》にこまかい毛《け》がたくさんはえていて，そのあいだに空気《くうき》をたくわえることができます。腹部《ふくぶ》の表面《ひょうめん》にためた空気《くうき》が光《ひか》ってみえます。

呼吸《こきゅう》の方法《ほうほう》——シュノーケル型《がた》

もう一つの呼吸方法《こきゅうほうほう》は、長《なが》い呼吸管《こきゅうかん》を水面《すいめん》からだして、空気《くうき》をとりいれる方法《ほうほう》です。

ミズカマキリやタイコウチがこの方《ほう》法《ほう》で呼吸《こきゅう》をしています。ちょうど水《みず》にもぐった人間《にんげん》が、シュノーケルを水面《すいめん》からだして呼吸《こきゅう》をするのとにています。

動《うご》きまわってえさをさがすボンベ型《がた》の水生昆虫《すいせいこんちゅう》にくらべ、この呼吸法《こきゅうほう》は、待《ま》ちぶせてえものをとらえるタイプの種類《しゅるい》にとって便利《べんり》です。

タガメの呼吸管《こきゅうかん》は長《なが》くはありませんが、やはり待《ま》ちぶせ型《がた》のタイプです。

↑夜間《やかん》に活動《かつどう》するミズカマキリ。幼虫《ようちゅう》も成《せい》虫《ちゅう》も，とても長《なが》い呼吸管《こきゅうかん》をもっています。呼吸管《こきゅうかん》はまるいつつではなく，細《ほそ》い２本《ほん》のさやがあわさったものです。

←水田《すいでん》で交尾《こうび》をするタイコウチ（体長《たいちょう》3.5 cm）。カメムシのなかま。タイコウチは体長《たいちょう》ほどもある呼吸管《こきゅうかん》をもっています。泳《およ》ぐとき，前足《まえあし》をたいこをうつように動《うご》かすところから，この名前《なまえ》がつきました。

コオイムシの産卵《さんらん》。産卵《さんらん》は水中《すいちゅう》でおこないます。おすはからだを上《じょう》下《げ》にゆすって，めすにたまごをうむようにさそいかけます。産卵《さんらん》はいく度《ど》にも分《わ》けておこなわれます。おすがたまごを背中《せなか》に背《せ》おうところから，この名前《なまえ》がつきました。

産卵《さんらん》するミズカマキリ。たまごには呼吸管《こきゅうかん》がついていて，たまごが水《みず》につかっても呼吸《こきゅう》できるようになっています。

いろいろな産卵《さんらん》

水生昆虫《すいせいこんちゅう》の産卵《さんらん》は、五月《がつ》ごろから、いっせいにはじまります。産卵方法《さんらんほうほう》や産卵場所《さんらんばしょ》は、種類《しゅるい》によってちがいます。

ミズカマキリやタイコウチは、水辺《みずべ》のコケや土《つち》の中《なか》に、タガメは水《みず》の上《うえ》につきでたくいや木《き》の枝《えだ》に、またガムシは、水草《みずくさ》を利《り》用《よう》してつくったゆりかごのような卵《らん》のうを水面《すいめん》にうかべ、その中《なか》にたまごをうみます。

もっとかわった産卵《さんらん》をするのはコオイムシです。めすがおすの背中《せなか》にたまごをうみつけます。しかし、どの産卵方法《さんらんほうほう》をみても、ふ化《か》した幼虫《ようちゅう》が、すぐ水中《すいちゅう》に移動《いどう》できる場《ば》所《しょ》をえらんでいることがわかります。

⬅タガメの産卵《さんらん》。このタガメでは、産卵開始がま夜中の一時三十分、おわったのが四時《じ》三十分《ぷん》。そのあいだおすはくいの上《うえ》で産卵《さんらん》をみまもり、とちゅうで何度《なんど》も交尾《こうび》をしました。うみつけられたたまごの数《かず》は九十六個《こ》ありました。

陸上《りくじょう》にすむエサキモンキツノカメムシは，おすがたまごやふ化《か》した幼虫《ようちゅう》の上《うえ》におおいかぶさり，保護《ほご》する習性《しゅうせい》をもっています。

⬆たまごを空気《くうき》にさらすコオイムシのおす。たまごが呼吸《こきゅう》できるようにしているのでしょう。

たまごをまもる

集団生活《しゅうだんせいかつ》をしない昆虫《こんちゅう》は、ふつうたまごの世話《せわ》はしません。ところが一部《いちぶ》のカメムシやハサミムシのなかには、たまごの世話《せわ》をするものがいます。水中《すいちゅう》にすむカメムシのなかまにも、その例《れい》があります。

コオイムシのおすは、背中《せなか》にたまごをのせたまま泳《およ》ぎまわります。ときどき水面《すいめん》からたまごをだして、うまくふ化《か》させるために、温度《おんど》や空気《くうき》の調節《ちょうせつ》をします。

タガメのおすは、めすがうみつけたたまごにおおいかぶさって敵《てき》からまもります。おすはときどき水《みず》にはいってからだをぬらし、たまごがかわかないようにまもります。

⬆たまごをまもるタガメのおす。ほかのタガメがちかづいてくると，たまごをうんだめすでもおいはらいます。また，おすはぬれたからだでたまごをおおうだけでなく，たまごのすきまにストローのような口《くち》をさしこみ，口《くち》から水《みず》をだしてたまごをぬらします。

⬅タガメのたまごのかたまり。ときには，おすはたまごのちかくの水《みず》の中《なか》でかくれてみはっていることがあります。

↑ふ化《か》がはじまって約《やく》10分《ぶん》後《ご》，幼虫《ようちゅう》のからだが，たまごから半分《はんぶん》ぐらいでています。

↑タガメのふ化《か》。どのたまごもほとんど同時《どうじ》にふ化《か》しますが，なかには早《はや》いものもいます。

いろいろな幼虫《ようちゅう》の誕生《たんじょう》

たまごから、どのようにして幼虫《ようちゅう》が誕《たん》生《じょう》するのか、しらべてみましょう。

タガメのたまごは、産卵《さんらん》からおよそ十日《か》でふ化《か》します。ふ化《か》まぢかになると、たまごの大《おお》きさはおよそ二倍《ばい》ぐらいになっていて、からにわれ目《め》ができます。

やがてそこからからがわれて、幼虫《ようちゅう》の頭《あたま》があらわれます。しだいにおしだされるように、つぎつぎにからだがでてきて、ぬけがらにさかさにぶらさがります。

しばらくするうちに、幼虫《ようちゅう》は足《あし》を動《うご》かすようになり、どの幼虫《ようちゅう》もほとんど同時《どうじ》に、水面《すいめん》に落《お》ちていきます。

⇧さらに５分《ふん》後《ご》，からにぶらさがった幼虫《ようちゅう》（体《たい》長《ちょう》約《やく》0.8㎝）。はじめはじっとしていますが，１分《ぷん》ほどたつと動《うご》きはじめます。

⇦水《みず》に落《お》ちたばかりの幼虫《ようちゅう》。黄《き》色《いろ》いからだで，みんなかたまっていますが，すぐに茶《ちゃ》色《いろ》になり，１日《にち》ほどたつとはっきりした黒《くろ》いしまもようがあらわれ，ばらばらに分《わ》かれて活動《かつどう》をはじめます。

↑コオイムシのふ化《か》。産卵《さんらん》から約《やく》３週《しゅう》間後《かんご》。幼虫《ようちゅう》（体長約《たいちょうやく》0.6cm）はすぐに泳《およ》ぎはじめます。たまごがつねにぬれているので，水温《すいおん》によってふ化《か》までの日数《にっすう》がかわります。

↓ゲンゴロウのふ化《か》。幼虫《ようちゅう》（体長約《たいちょうやく》2.5cm）は，水草《みずくさ》の茎《くき》をかじってうみつけられたたまごからでてきます。

↑ガムシのふ化《か》。産卵《さんらん》から３～４日後《かご》。幼虫《ようちゅう》（体長約《たいちょうやく》1.5cm）は，巣《す》に出口《でぐち》をつくり，そこから水中《すいちゅう》にはいります。

↑ミズカマキリのふ化《か》。産卵《さんらん》から約《やく》２週間後《しゅうかんご》。幼虫《ようちゅう》（体長約《たいちょうやく》1.3cm）は，すぐに水中《すいちゅう》の生活《せいかつ》をはじめます。

水《みず》にすむカメムシのなかまは、種類《しゅるい》がちがっても、ふ化《か》のしかたはにています。どの幼虫《ようちゅう》も、成虫《せいちゅう》とよくにた姿《すがた》でうまれます。

これにたいして甲虫《こうちゅう》のなかまの幼虫《ようちゅう》は、成虫《せいちゅう》とまったくちがった、節《ふし》のある細長《ほそなが》いからだでうまれてきます。

⬆タイコウチのふ化《か》。産卵後《さんらんご》23日《にち》め。幼虫《ようちゅう》（体長《たいちょう》0.5 cm）は，たまごの中で，ぐるっとまわりながら，からを頭部《とうぶ》のとがったところで切《き》ってでてきます。頭《あたま》にのっているのは，からの一部《いちぶ》です。

脱皮《だっぴ》するタイコウチの幼虫《ようちゅう》。でてきたのは終齢幼虫《しゅうれいようちゅう》（体長約《たいちょうやく》３㎝）。終齢幼虫《しゅうれいようちゅう》の胸《むね》には，羽《はね》のもとになるものが，はっきりあらわれます。

幼虫《ようちゅう》の成長《せいちょう》

甲虫《こうちゅう》のなかまの幼虫《ようちゅう》は、成虫《せいちゅう》とまったくちがう姿《すがた》をしています。ところがカメムシのなかまの幼虫《ようちゅう》は、羽《はね》がないことをのぞけば成虫《せいちゅう》とにた姿《すがた》をしています。

幼虫《ようちゅう》は脱皮《だっぴ》をくりかえしながら成長《せいちょう》しますが、いつも危険《きけん》がともないます。脱《だっ》皮直後《ぴちょくご》はからだがやわらかくなっているので動《うご》けません。そんなときに敵《てき》にみつかると、すぐにおそわれてしまいます。

また、水生昆虫《すいせいこんちゅう》の幼虫《ようちゅう》はほとんどが肉《にく》食性《しょくせい》なので、ほかの幼虫《ようちゅう》におそわれたり、まわりに獲物《えもの》がすくないと、共食《ともぐ》いをはじめてしまいます。

共食《ともぐ》いするタガメの１齢幼虫《れいようちゅう》。共食《ともぐ》いは自然界《しぜんかい》でもふつうにみられます。

オタマジャクシをとらえたタガメの２齢幼虫《れいようちゅう》（ふ化《か》後《ご》約《やく》10日《か》）。つぎの脱皮《だっぴ》がちかづくと，からだのみどり色《いろ》がうすれます。

ゲンゴロウの幼虫《ようちゅう》におそわれたタガメの１齢幼虫《れいようちゅ》

➡羽化《うか》して約《やく》一日《にち》めのタガメ。羽化《うか》はめだたない場所《ばしょ》でおこない、からだが動《うご》かせるようになると、すぐに水草《みずくさ》にかくれます。

最後《さいご》の脱皮《だっぴ》――羽化《うか》

初夏《しょか》、成長《せいちょう》しきった水生昆虫《すいせいこんちゅう》の幼虫《ようちゅう》は、いよいよ成虫《せいちゅう》になるときをむかえます。カメムシのなかまは、幼虫《ようちゅう》が最後《さいご》の脱皮《だっぴ》をすると成虫《せいちゅう》になります。

いっぽう甲虫《こうちゅう》のなかまの終齢幼虫《しゅうれいようちゅう》は、陸《りく》にはいあがり、岸辺《きしべ》の地中《ちちゅう》に蛹室《ようしつ》をつくり、その中《なか》でさなぎになります。

それから約《やく》一週間《しゅうかん》ほどたったころ、さなぎが最後《さいご》の脱皮《だっぴ》、羽化《うか》をして成虫《せいちゅう》になり、地上《ちじょう》にはいだします。

こうして成虫《せいちゅう》になった水生昆虫《すいせいこんちゅう》たちは、水辺《みずべ》にもどり、ふたたび水面《すいめん》や水《すい》中《ちゅう》の生活《せいかつ》をつづけるのです。

↑羽化《うか》して約《やく》９時間後《じかんご》のゲンゴロウ。羽化《うか》は蛹室《ようしつ》の中《なか》でおこないます。からだがだいぶかたくなり，あと３時間《じかん》ほどで成虫《せいちゅう》と同《おな》じような色《いろ》になります。２～４日後《かご》には，土《つち》をかきわけて地上《ちじょう》にでてきてから，やがて水《みず》の中《なか》にはいります。

⬆草《くさ》の上《うえ》でからだをかわかすミズカマキリ。羽《はね》がぬれていると飛《と》びたてません。飛《と》びたつまえに，かならず羽《はね》をかわかします。

⬅飛《と》びたつミズカマキリ。からだが細《ほそ》くて軽《かる》いので，ミズカマキリは飛《と》ぶのがとくいです。ミズカマキリやマツモムシなどは，昼《ひる》までも飛《と》びたちますが，タガメやゲンゴロウは，夜《よる》におおく飛《と》びたちます。

すみよい環境《かんきょう》をもとめて

ほとんどの水生昆虫《すいせいこんちゅう》の成虫《せいちゅう》は、りっぱな羽《はね》をもっています。でも、ふだんはあまり飛《と》びまわりません。

しかし、えさがすくなくなったり、水《みず》がよごれたり、ひあがったりしてすみにくくなると、水生昆虫《すいせいこんちゅう》は空《そら》に飛《と》びたち、ほかの場所《ばしょ》へ移動《いどう》します。

越冬《えっとう》の季節《きせつ》

季節《きせつ》は秋《あき》。水生昆虫《すいせいこんちゅう》がさかんに活動《かつどう》していたシーズンもそろそろおわりです。そして、かけ足《あし》で秋《あき》がふかまり、水温《すいおん》が下《さ》がってくると、水生昆虫《すいせいこんちゅう》はえさをとらなくなり、やがて冬眠《とうみん》にはいります。いままでみてきた水生昆虫《すいせいこんちゅう》は、成虫《せいちゅう》で冬《ふゆ》を越《こ》します。

越冬《えっとう》をする場所《ばしょ》は種類《しゅるい》によってちがいます。ミズカマキリやゲンゴロウは水中《すいちゅう》で、コオイムシやタガメなどは、水《みず》がなくなった小川《おがわ》の石《いし》の下《した》や、たんぼのあぜのわらの下《した》などで越冬《えっとう》しています。

➡冬《ふゆ》がれの池《いけ》。水生昆虫《すいせいこんちゅう》が活《かつ》やくした池《いけ》の水《みず》も，すっかりこおってしまいました。

⬅氷《こおり》がはった池《いけ》の中《なか》を泳《およ》ぐヒメゲンゴロウ(体長《たいちょう》 1.4 cm)。氷《こおり》がはるような寒《さむ》い冬《ふゆ》でも，このように活動《かつどう》していることがあります。水中《すいちゅう》でも酸素《さんそ》がおぎなえるのです。

⬇氷《こおり》の下《した》で冬眠《とうみん》するミズカマキリ。冬眠中《とうみんちゅう》は活動《かつどう》がにぶり，ほんのわずかしか呼吸《こきゅう》をしません。

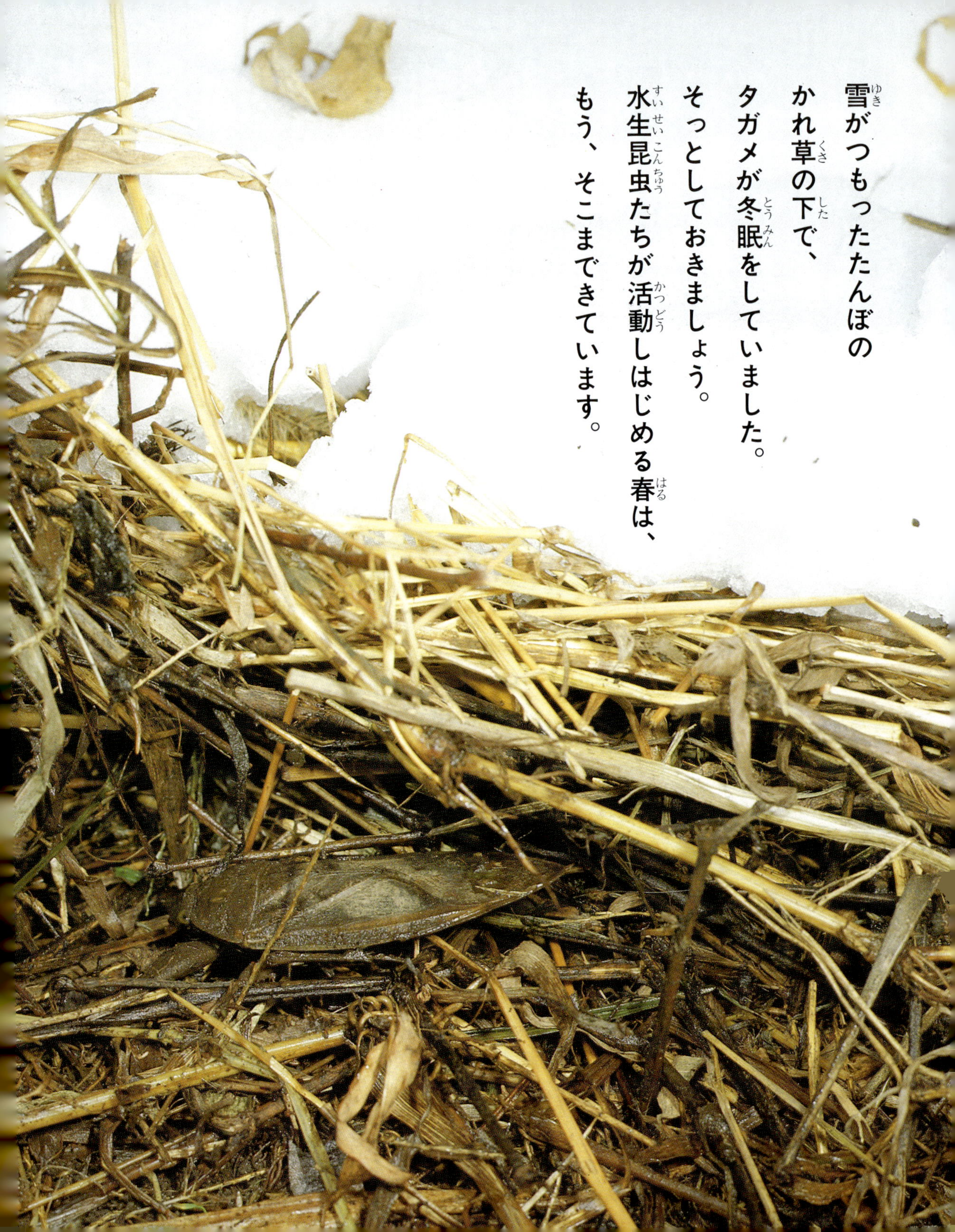

雪《ゆき》がつもったたんぼの
かれ草《くさ》の下《した》で、
タガメが冬眠《とうみん》をしていました。
そっとしておきましょう。
水生昆虫《すいせいこんちゅう》たちが活動《かつどう》しはじめる春《はる》は、
もう、そこまできています。

*完全《かんぜん》な水中生活者《すいちゅうせいかつしゃ》になりきれなかった昆虫《こんちゅう》

●水中生活《すいちゅうせいかつ》へのきっかけ

ある秋《あき》のことです。水辺《みずべ》の木《き》から、ツノアオカメムシが何《なに》かの拍子《ひょうし》に水面《すいめん》に落《お》ちるのを何度《なんど》かみました。これらのカメムシをよく観察《かんさつ》すると、はじめは足《あし》を動《うご》かし、もがいて泳《およ》ごうとしたり、羽《はね》を広《ひろ》げたりしています。

ところが、なかには水草《みずくさ》をつたって水中《すいちゅう》にもぐっていくものがいます。水《みず》からでられずに死《し》んでしまうものもいますが、ぶじに水面《すいめん》にはいあがってくるものもいます。

もしかしたら、水生昆虫《すいせいこんちゅう》は、このような水《みず》にはいってもおぼれなかった個体《こたい》から、だんだん進化《しんか》してきたのかもしれません。

◀上《うえ》、水面《すいめん》に落《お》ちて泳《およ》ごうとしたり、羽《はね》を広《ひろ》げたりするツノアオカメムシ。下《した》、水面《すいめん》につかまるものがなくて、水草《みずくさ》をつたって水中《すいちゅう》にもぐっていったツノアオカメムシ。

水生昆虫《すいせいこんちゅう》は、もともと陸上《りくじょう》の生活《せいかつ》をしていた昆虫《こんちゅう》です。おそらくえさを求《もと》めたり、敵《てき》から身《み》をまもるために、水辺《みずべ》や湿地《しっち》に生活《せいかつ》の場《ば》を広《ひろ》げていった昆虫《こんちゅう》の一部《いちぶ》が、いつしか水面《すいめん》や水中《すいちゅう》でくらすようになったのでしょう。

でも、その種類《しゅるい》は意外《いがい》とすくなく、約《やく》百八十万種《まんしゅ》もいる昆虫《こんちゅう》のうち、水生昆虫《すいせいこんちゅう》は数《すう》パーセントにすぎません。

水面《すいめん》や水中《すいちゅう》の生活《せいかつ》をするようになって長《なが》い年月《ねんげつ》がたつうちに、これらの昆虫《こんちゅう》のからだは、足《あし》のしくみなどにみられるように、水《みず》の生活《せいかつ》に適《てき》したしくみにかわってきました。そして、アメンボのなかまのなかには、水《みず》の生活《せいかつ》ではつかわない羽《はね》が、退化《たいか》してしまったものもいます。

しかし、これらの昆虫《こんちゅう》が、魚《さかな》のように完全《かんぜん》な水中生活者《すいちゅうせいかつしゃ》になりきったのかというと、そうでもありません。トンボやカワゲラの幼虫《ようちゅう》のようにえらがあり、水中《すいちゅう》から直接《ちょくせつ》酸素《さんそ》をとりいれて呼吸《こきゅう》できるものもいますが、おおくの水生昆虫《すいせいこんちゅう》は、空気中《くうきちゅう》から酸素《さんそ》をとりいれています。ですから、水中《すいちゅう》に長時間《ちょうじかん》もぐっていることはできません。

●ゲンゴロウのからだ

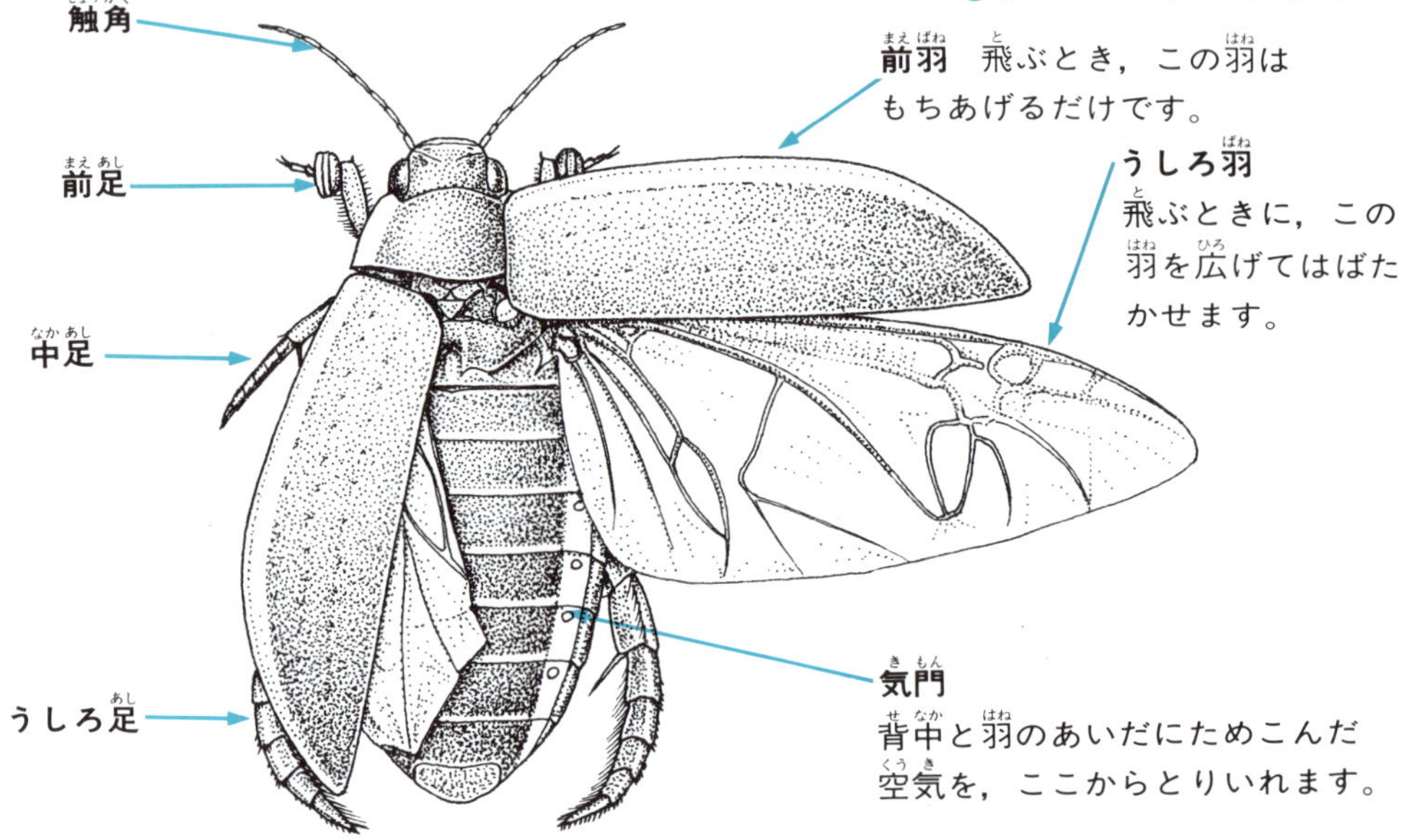
触角《しょっかく》
前足《まえあし》
中足《なかあし》
うしろ足《あし》
前羽《まえばね》　飛《と》ぶとき，この羽《はね》はもちあげるだけです。
うしろ羽《ばね》
飛《と》ぶときに，この羽《はね》を広《ひろ》げてはばたかせます。
気門《きもん》
背中《せなか》と羽《はね》のあいだにためこんだ空気《くうき》を，ここからとりいれます。

生物《せいぶつ》が生《い》きていくためには呼吸《こきゅう》はかかせません。つねに体内《たいない》の組織《そしき》に酸素《さんそ》をおくりこみ、体内《たいない》で発生《はっせい》した二酸化炭素《にさんかたんそ》をすてなければ死《し》んでしまいます。

動物《どうぶつ》の呼吸《こきゅう》には、いろいろな方法《ほうほう》があります。肺《はい》で空気中《くうきちゅう》の酸素《さんそ》をとりいれる肺呼吸《はいこきゅう》、えらで水中《すいちゅう》の酸素《さんそ》をとりいれるえら呼吸《こきゅう》、気門《きもん》から空気中《くうきちゅう》の酸素《さんそ》をとりいれる気門呼吸《きもんこきゅう》などです。

ほとんどの昆虫《こんちゅう》の呼吸《こきゅう》は気門呼吸《きもんこきゅう》です。この本《ほん》でとりあげた水生昆虫《すいせいこんちゅう》もえらをもっていませんから、水中《すいちゅう》から酸素《さんそ》をとりいれることはできません。水中《すいちゅう》でくらすにはなんらかの方法《ほうほう》で、空気《くうき》を水中《すいちゅう》にもちこまなければなりません。それがまえにのべたシュノーケル型《がた》とボンベ型《がた》の二つの方法《ほうほう》です。

シュノーケル型《がた》の種類《しゅるい》は、呼吸管《こきゅうかん》を水面上《すいめんじょう》につきだし、腹部《ふくぶ》の筋肉《きんにく》をのばしたりちぢめたりして、積極的《せっきょくてき》に空気《くうき》のだしいれをします。とりいれた空気《くうき》は、呼吸管《こきゅうかん》をとおり、腹部《ふくぶ》のはしにある気門《きもん》にみちびかれます。

●ミズカマキリの呼吸管《こきゅうかん》の拡大《かくだい》

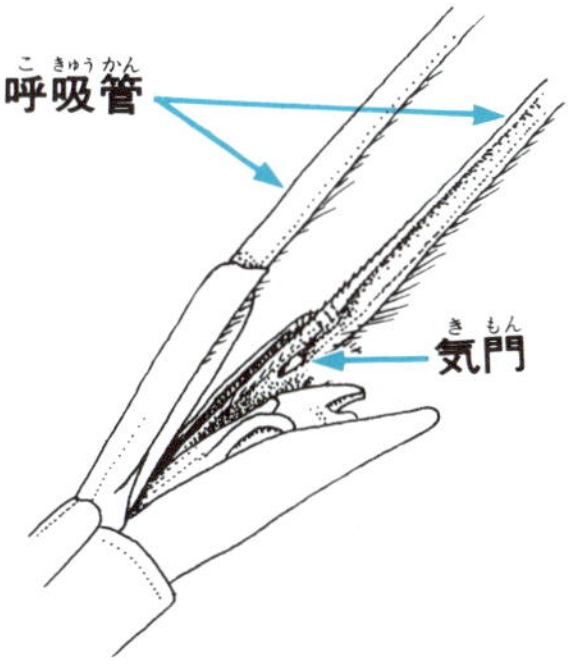
呼吸管《こきゅうかん》
気門《きもん》

▲呼吸管《こきゅうかん》は1本《ぽん》の管《くだ》ではなく，さや状《じょう》のものが2本《ほん》あわさったものです。内《うち》側《がわ》には，こまかい毛《け》がはえているので，あわせ目《め》からは空気《くうき》がにげません。

●ガムシの空気《くうき》のとりいれ方《かた》

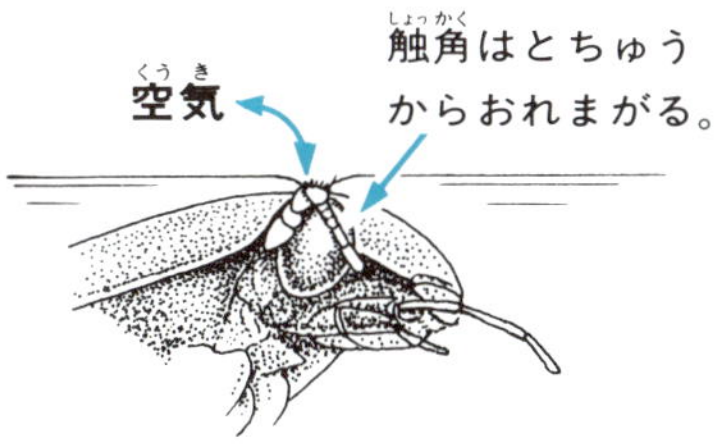
触角《しょっかく》はとちゅうからおれまがる。
空気《くうき》

▲ガムシは，触角《しょっかく》を水面《すいめん》すれすれに接《せっ》するようにまげて，そこから空気《くうき》を腹部《ふくぶ》にとりこみます。触角《しょっかく》には，水《みず》にぬれない毛《け》がはえていて，腹部《ふくぶ》の空気《くうき》のまくと水上《すいじょう》の空気《くうき》とをむすぶパイプの役《やく》目《め》をしています。

●水生昆虫《すいせいこんちゅう》が空気《くうき》をたくわえる場所《ばしょ》

種類《しゅるい》によって空気《くうき》をたくわえる場所《ばしょ》がちがいます。羽《はね》やからだにはえている毛《け》が，空《くう》気《き》をにがさない役目《やくめ》をしています。図《ず》はそれぞれの水生昆虫《すいせいこんちゅう》を正面《しょうめん》からみたところ。

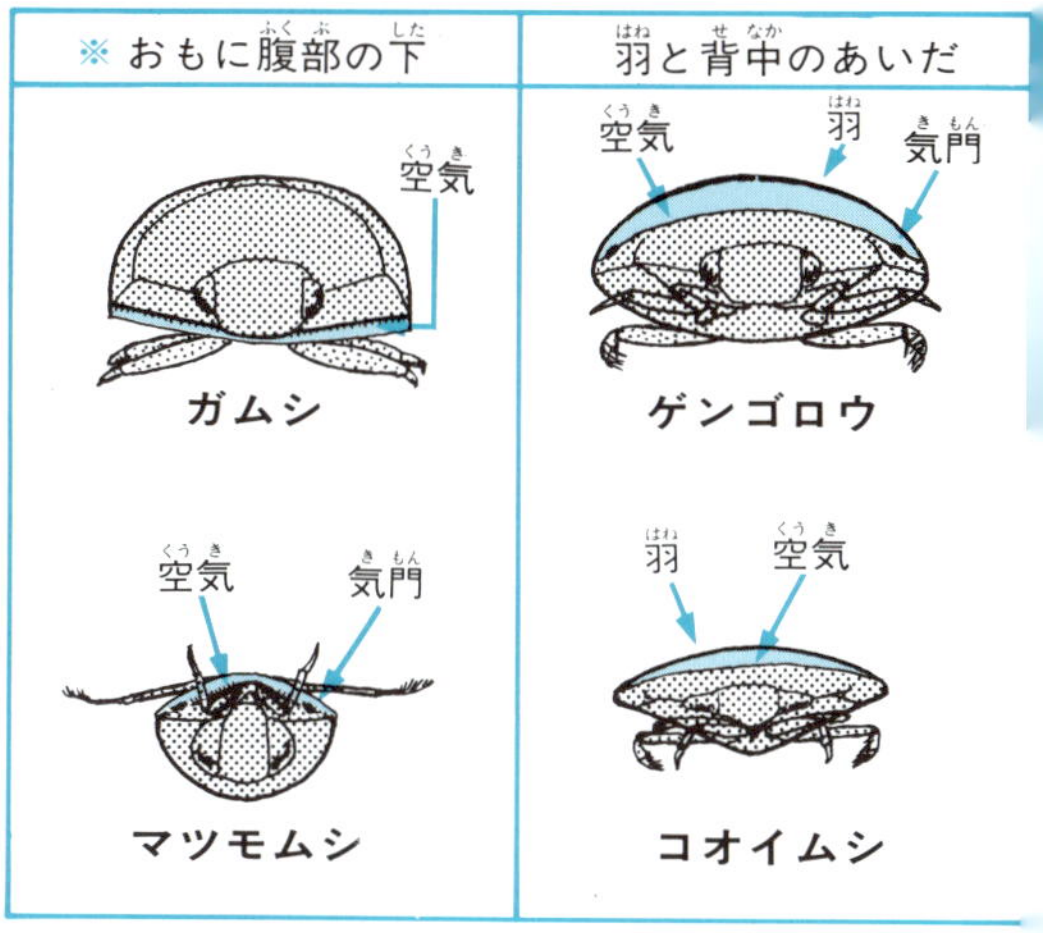
※おもに腹部《ふくぶ》の下《した》
羽《はね》と背中《せなか》のあいだ
空気《くうき》
ガムシ
空気《くうき》
羽《はね》
気門《きもん》
ゲンゴロウ
空気《くうき》
気門《きもん》
マツモムシ
羽《はね》
空気《くうき》
コオイムシ

　一方《いっぽう》ボンベ型《がた》の種類《しゅるい》は、しりからとりいれた空気《くうき》を、からだの一部《いちぶ》にたくわえます。種類《しゅるい》によって、空気《くうき》をたくわえるところがちがいます。腹部《ふくぶ》の下側《したがわ》のくぼみにたくわえるものもいます。腹部《ふくぶ》の背中《せなか》と羽《はね》のあいだにたくわえるものもいます。泳《およ》ぐことには役立《やくだ》たない羽《はね》が、空気《くうき》の貯蔵《ちょぞう》にはりっぱに役立《やくだ》っているわけです。

　ところが同《おな》じボンベ型《がた》でも、ガムシは空気《くうき》のとりいれ方《かた》がちがいます。頭部《とうぶ》と胸部《きょうぶ》のへりあたりを、水面《すいめん》すれすれにおしあげます。すると表面張力《ひょうめんちょうりょく》がはたらいて、水面《すいめん》に小《ちい》さなくぼみができます。ガムシは、腹部《ふくぶ》を運動《うんどう》させることによって、このくぼみから、空気《くうき》をとりこむのです。

　それにしても、水《みず》より軽《かる》い空気《くうき》が、どうしてにげてしまわないのでしょう。それは、背中《せなか》や腹部《ふくぶ》や気門《きもん》のまわりにたくさんはえている水《みず》にぬれにくい毛《け》のおかげです。毛糸《けいと》をそっと水《みず》につけると、毛《け》のまわりに空《くう》気《き》のあわがつきます。それと同《おな》じことです。たくさんの毛《け》が、空気《くうき》の層《そう》をにがさない役目《やくめ》をしているのです。

※くわしくみると、ガムシは羽《はね》と背中《せなか》のあいだにも、マツモムシは羽《はね》の表面《ひょうめん》にはえたこまかい毛《け》にも空気《くうき》をたくわえています。

＊気門《きもん》のはたらきとふしぎなボンベ

●水生昆虫《すいせいこんちゅう》が1回《かい》の呼吸《こきゅう》でもぐっていられる時間《じかん》

ゲンゴロウでは，ふつうにもぐっているときよりも，えさをとるためにもぐっているときのほうが，酸素《さんそ》をおおくつかうので，もぐっていられる時間《じかん》が短《みじか》くなります。水温《すいおん》がちがうとどうなるかしらべてみましょう。

（表《ひょう》は1986年《ねん》９月《がつ》30日《にち》，野外《やがい》で観察《かんさつ》。水温《すいおん》27℃）

	ゲンゴロウ	採食時《さいしょくじ》のゲンゴロウ	ガ　ム　シ	ミズカマキリ
1回《かい》の呼吸時間《こきゅうじかん》	0.5～３秒《びょう》 長《なが》くて15秒《びょう》	0.5～３秒《びょう》 長《なが》くて15秒《びょう》	２～３秒《びょう》 長《なが》くて７秒《びょう》	10～30秒《びょう》
もぐっていた時《じ》間《かん》	２分《ふん》９秒《びょう》	18秒《びょう》	10分《ぷん》20秒《びょう》	５分《ふん》28秒《びょう》
	26秒《びょう》	１分《ぷん》40秒《びょう》	８分《ぷん》51秒《びょう》	７分《ふん》20秒《びょう》
	２分《ふん》６秒《びょう》	１分《ぷん》５秒《びょう》	７分《ふん》20秒《びょう》	３分《ぷん》30秒《びょう》
	３分《ぷん》30秒《びょう》	25秒《びょう》	９分《ふん》35秒《びょう》	４分《ぷん》40秒《びょう》
	２分《ふん》25秒《びょう》	１分《ぷん》35秒《びょう》	７分《ふん》50秒《びょう》	——
	２分《ふん》15秒《びょう》	55秒《びょう》	６分《ぷん》17秒《びょう》	——
	２分《ふん》45秒《びょう》	23秒《びょう》	８分《ぷん》３秒《びょう》	——
	３分《ぷん》20秒《びょう》	——	４分《ぷん》30秒《びょう》	——
	３分《ぷん》10秒《びょう》	——	４分《ぷん》20秒《びょう》	——

●昆虫《こんちゅう》の気門《きもん》と気管《きかん》

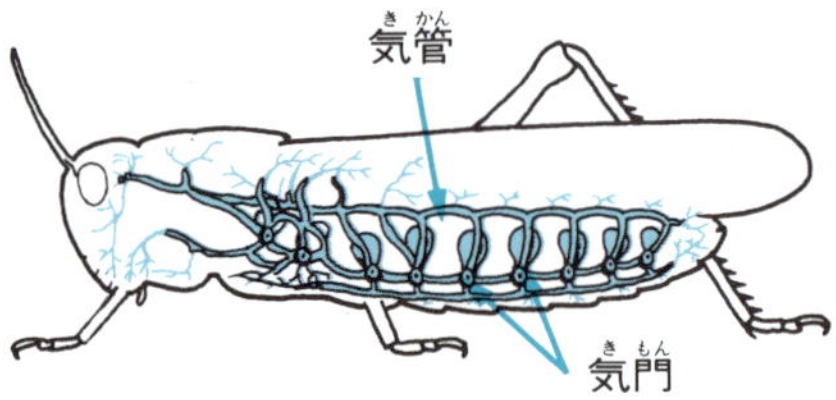

●気門《きもん》（気管《きかん》）呼吸《こきゅう》

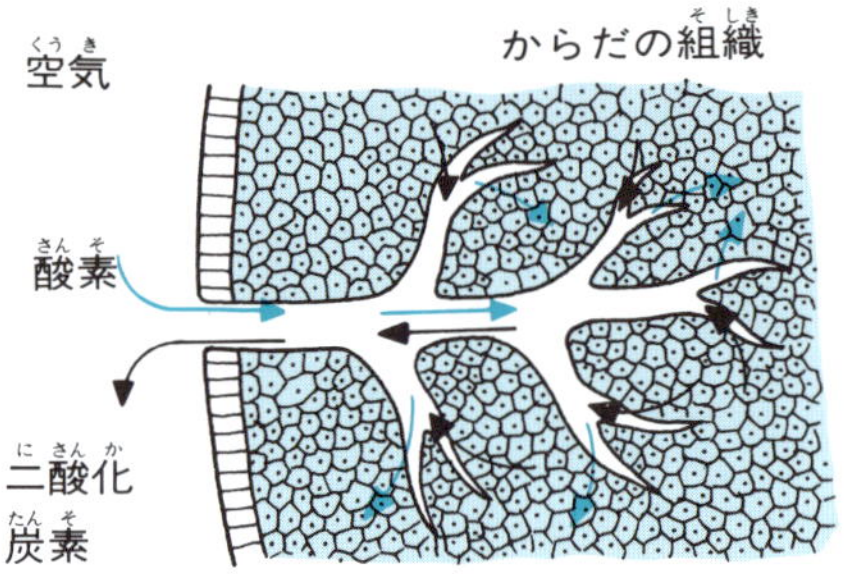

昆虫《こんちゅう》が空気《くうき》をとりいれる気門《きもん》は、ふつう胸部《きょうぶ》と腹部《ふくぶ》に、あわせて十対《つい》あります。これらのあなは、たがいに太《ふと》い気管《きかん》でつながっていて、さらに枝分《えだわ》かれした細《ほそ》い気管《きかん》が、からだじゅうをあみの目《め》のように広《ひろ》がっています。酸素《さんそ》はこれらの気管《きかん》から直接《ちょくせつ》からだの組織《そしき》におくられ、いらなくなった二酸化炭素《にさんかたんそ》も、気管《きかん》で運《はこ》ばれて気門《きもん》から外《そと》へすてられます。

ボンベ型《がた》のなかまは、ほとんどの気門《きもん》が開《ひら》いていますが、シュノーケル型《がた》のなかまの気門《きもん》は、とりこんだ空気《くうき》を直接《ちょくせつ》うけとる、腹《はら》のはしの一対《つい》だけが開《ひら》いているだけで、ほかの気門《きもん》はどれもとじています。

えらをもたない水生昆虫《すいせいこんちゅう》では、水中《すいちゅう》の酸素《さんそ》を直接《ちょくせつ》とりいれることができないはずです。でも、くわしくしらべると、水中《すいちゅう》からわずかですが、酸素《さんそ》をとりいれているものもいます。たとえばゲンゴロウです。

ゲンゴロウは、しりに空気《くうき》のあわをつけて泳《およ》いでいますが、この空気《くうき》ボンベにはふしぎな性質《せいしつ》があります。

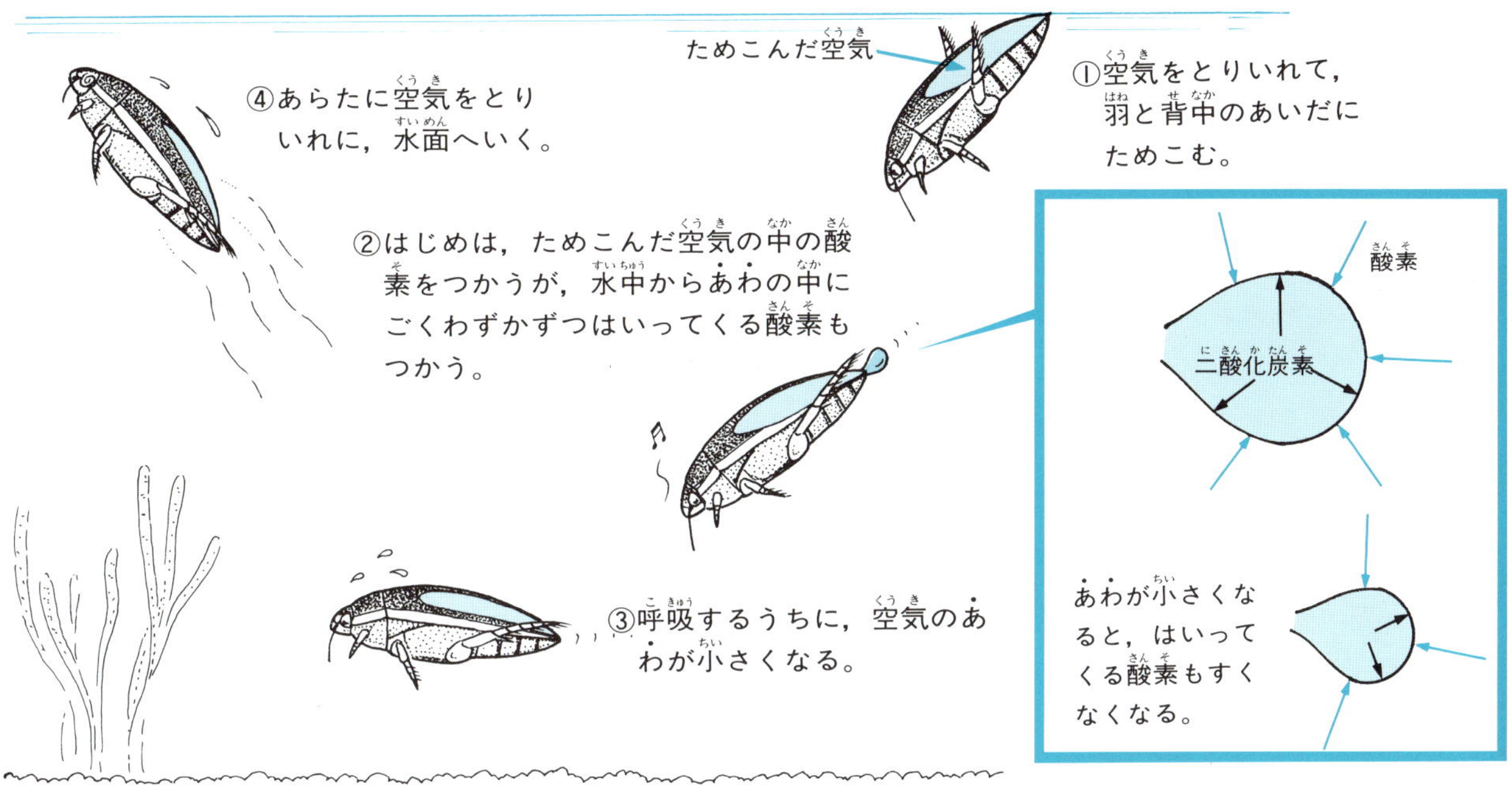
ためこんだ空気《くうき》
①空気《くうき》をとりいれて，羽《はね》と背中《せなか》のあいだにためこむ。
④あらたに空気《くうき》をとりいれに，水面《すいめん》へいく。
②はじめは，ためこんだ空気《くうき》の中《なか》の酸《さん》素をつかうが，水中《すいちゅう》からあわの中《なか》にごくわずかずつはいってくる酸素《さんそ》もつかう。
酸素《さんそ》
二酸化炭素《にさんかたんそ》
③呼吸《こきゅう》するうちに，空気《くうき》のあわが小《ちい》さくなる。
あわが小《ちい》さくなると，はいってくる酸素《さんそ》もすくなくなる。

あわには酸《さん》素《そ》や窒《ちっ》素《そ》がまじっていて、呼《こ》吸《きゅう》のときは酸《さん》素《そ》をつかい、二《に》酸《さん》化《か》炭《たん》素《そ》をだします。ですから時《じ》間《かん》がたつにつれ、あわの中《なか》の酸《さん》素《そ》のしめる率《りつ》はへり、かわりに窒《ちっ》素《そ》や二《に》酸《さん》化《か》炭《たん》素《そ》がふえるはずです。しかし、実《じっ》際《さい》にあわの成《せい》分《ぶん》をしらべると、時《じ》間《かん》がたっても成《せい》分《ぶん》にはほとんど変《へん》化《か》がなく、あわが小《ちい》さくなるだけです。

じつは、わずかながらですが、水《すい》中《ちゅう》にとけている酸《さん》素《そ》があわ（空《くう》気《き》ボンベ）のかべをとおして中《なか》にはいってきているのです。ぎゃくに、呼《こ》吸《きゅう》によって気《き》門《もん》からだされた二《に》酸《さん》化《か》炭《たん》素《そ》は、あわのかべから水《すい》中《ちゅう》にとけだしていきます。ところが、水《すい》中《ちゅう》からあわの中《なか》にはいってくる酸《さん》素《そ》より、呼《こ》吸《きゅう》でつかう酸《さん》素《そ》の量《りょう》のほうがおおいので、あわはだんだん小《ちい》さくなっていきます。そこでゲンゴロウは、新《あたら》しい空《くう》気《き》をたくわえるため、水《すい》面《めん》まであがってこなければならないのです。

なお、水《すい》中《ちゅう》にとけこむ酸《さん》素《そ》や二《に》酸《さん》化《か》炭《たん》素《そ》などの気《き》体《たい》の量《りょう》は、そのときの水《すい》温《おん》でちがいます。低《ひく》いときほど、気《き》体《たい》は水《すい》中《ちゅう》におおくとけこむ性《せい》質《しつ》があります。

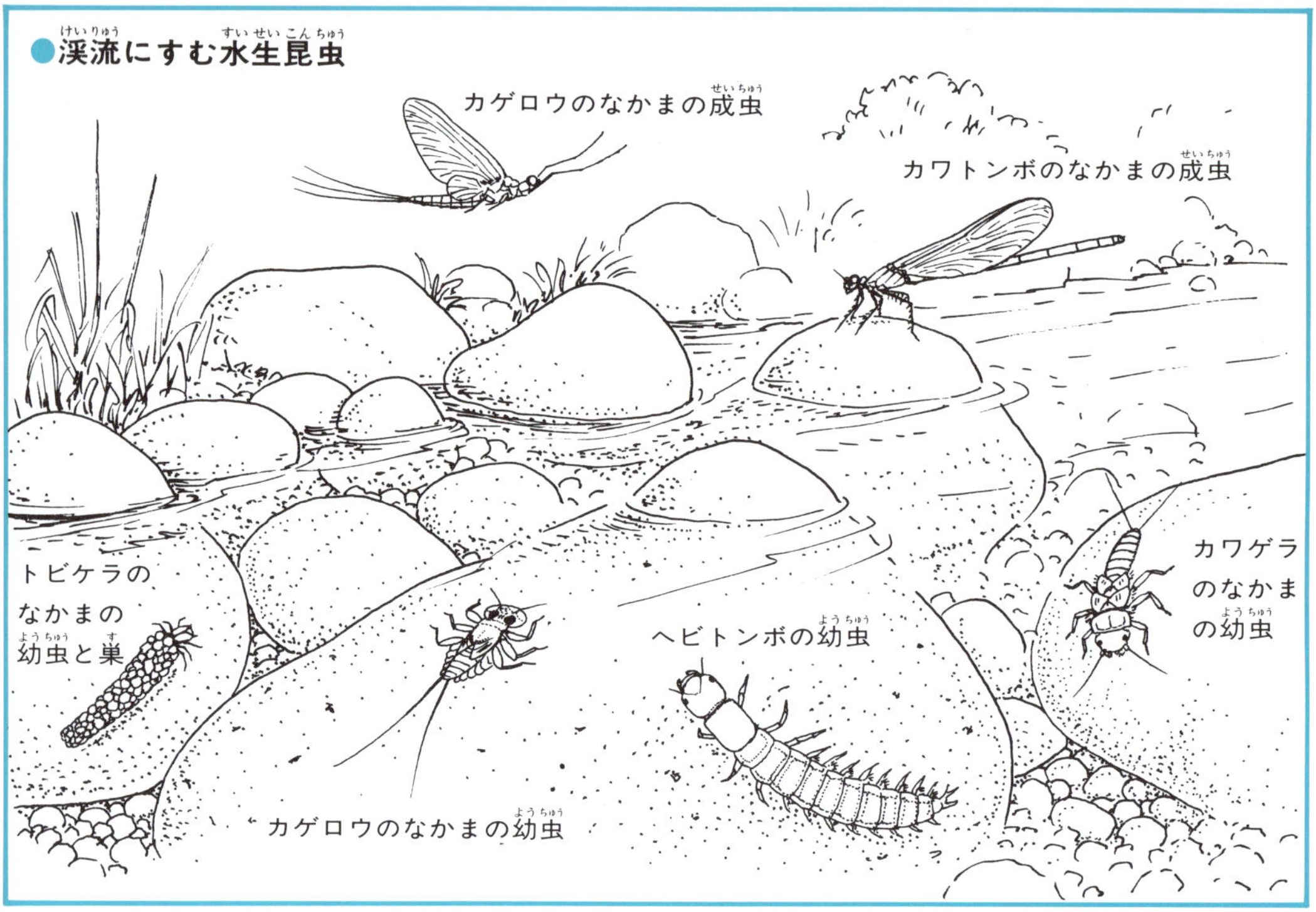
カゲロウのなかまの成虫《せいちゅう》
カワトンボのなかまの成虫《せいちゅう》
トビケラのなかまの幼虫《ようちゅう》と巣《す》
ヘビトンボの幼虫《ようちゅう》
カワゲラのなかまの幼虫《ようちゅう》
カゲロウのなかまの幼虫《ようちゅう》
●渓流《けいりゅう》にすむ水生昆虫《すいせいこんちゅう》

水生昆虫《すいせいこんちゅう》は、すむ環境《かんきょう》からも二つのグループに分《わ》けられます。一つはたんぼや沼《ぬま》などのように、ほとんど流《なが》れのない水《みず》にすむなかまで、これを止《し》水性《すいせい》の水生昆虫《すいせいこんちゅう》とよんでいます。この本《ほん》でとりあげた水生昆虫《すいせいこんちゅう》のほとんどが、このなかまです。

止水性《しすいせい》の水生昆虫《すいせいこんちゅう》のおおくは、もともと湿地《しっち》などにすんでいました。大《おお》むかしの日本《にっぽん》の平野部《へいやぶ》には、いたるところに湿地《しっち》がありましたが、主食《しゅしょく》となる米《こめ》をつくるようになってから、湿地《しっち》はどんどん水田《すいでん》にかえられていきました。そこで水生昆虫《すいせいこんちゅう》は湿地《しっち》とにた環境《かんきょう》にうつりすみ、水田《すいでん》の面積《めんせき》が広《ひろ》がるのにあわせて分布《ぶんぷ》を広《ひろ》げたと考《かんが》えられます。

もう一つのグループは、流《なが》れのはやい川《かわ》や谷川《たにがわ》などにすむなかまです。これを流水性《りゅうすいせい》の水生昆虫《すいせいこんちゅう》とよんでいます。このなかまには、カワゲラやトビケラ、トンボの一部《いちぶ》などがいます。このグループは、水中《すいちゅう》でくらすのは幼虫時代《ようちゅうじだい》だけで、成虫《せいちゅう》に

●流水性《りゅうすいせい》の水生昆虫《すいせいこんちゅう》の水《みず》への適応《てきおう》

流水性《りゅうすいせい》の水生昆虫《すいせいこんちゅう》も、もともとは陸上《りくじょう》にすんでいた昆虫《こんちゅう》が、長《なが》い時間《じかん》をかけて水《みず》のあるところへ生活《せいかつ》の場《ば》を広《ひろ》げていったなかまです。ですから、からだつきやくらしぶりは、流《なが》れる水《みず》の性質《せいしつ》にうまく適応《てきおう》しています。

たとえばカゲロウのなかまの成虫《せいちゅう》は、みんなにた姿《すがた》ですが、幼虫《ようちゅう》は、種類《しゅるい》によってすむ場所《ばしょ》がことなり、つまり水《みず》の流《なが》れるはやさもちがうので、からだの形《かたち》もすこしずつちがっています。

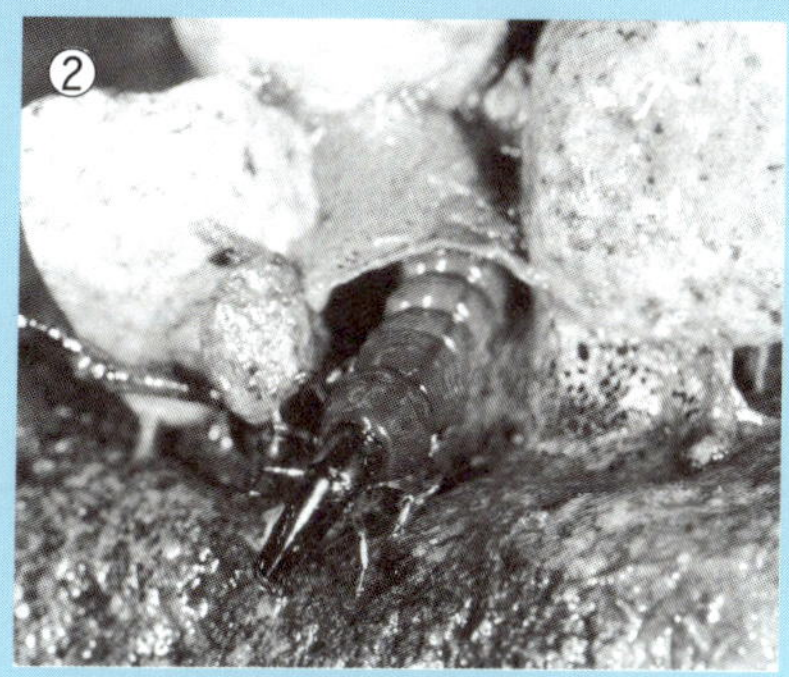

①流《なが》れのはやいところにすむカゲロウのなかまの幼虫《ようちゅう》。水《みず》の抵抗《ていこう》が小《ちい》さくなるようにひらたいからだをしています。②ニッポンヒゲナガカワトビケラの幼虫《ようちゅう》は，流《なが》れのはやい川底《かわぞこ》の石《いし》のあいだなどに巣《す》をつくります。③ニッポンヒゲナガカワトビケラの幼虫《ようちゅう》は，巣《す》の前《まえ》にあみをはり，流《なが》れてくる小《ちい》さな植物質《しょくぶつしつ》のえさをとらえて食《た》べます。

なるとどれも陸上《りくじょう》でくらします。呼吸《こきゅう》の方法《ほうほう》もちがいます。えらで呼吸《こきゅう》するものや、しりから体内《たいない》に水《みず》をすいこみ、直腸《ちょくちょう》のかべにあるえらから水中《すいちゅう》の酸素《さんそ》をとりいれるものもいます。

このように水生昆虫《すいせいこんちゅう》は、平地《へいち》から川《かわ》の上流《じょうりゅう》まで幅広《はばひろ》く分布《ぶんぷ》しています。しかし、最近《さいきん》では、その数《かず》や種類《しゅるい》がめっきりすくなくなってきました。

水生昆虫《すいせいこんちゅう》がすくなくなった理由《りゆう》には、いくつもの原因《げんいん》が考《かんが》えられます。水田《すいでん》でつかわれる農薬《のうやく》がたくさんの水生昆虫《すいせいこんちゅう》を殺《ころ》してしまいました。洗剤《せんざい》や工場排水《こうじょうはいすい》などが川《かわ》や池《いけ》の水《みず》をよごしつづけ、水《すい》生昆虫《せいこんちゅう》がすめなくなってしまいました。

開発《かいはつ》による地形《ちけい》の変化《へんか》も大《おお》きな原因《げんいん》の一つです。水路《すいろ》をコンクリートでかためたり、あぜにビニールをかぶせたりしたために、草《くさ》や土《つち》がすくなくなり、産卵《さんらん》したり、さなぎになる場所《ばしょ》がなくなってしまったのです。また、上流《じょうりゅう》にできたダムは、流《りゅう》水性《すいせい》の水生昆虫《すいせいこんちゅう》のすみかをうばってしまいました。

●ゲンゴロウは，夏《なつ》に羽化《うか》した成虫《せいちゅう》が越冬《えっとう》します。ギンヤンマの幼虫《ようちゅう》は，止水性《しすいせい》の水生昆虫《すいせいこんちゅう》で，幼虫《ようちゅう》のまま越冬《えっとう》し，翌年《よくねん》の春《はる》から夏《なつ》にかけて羽化《うか》します。

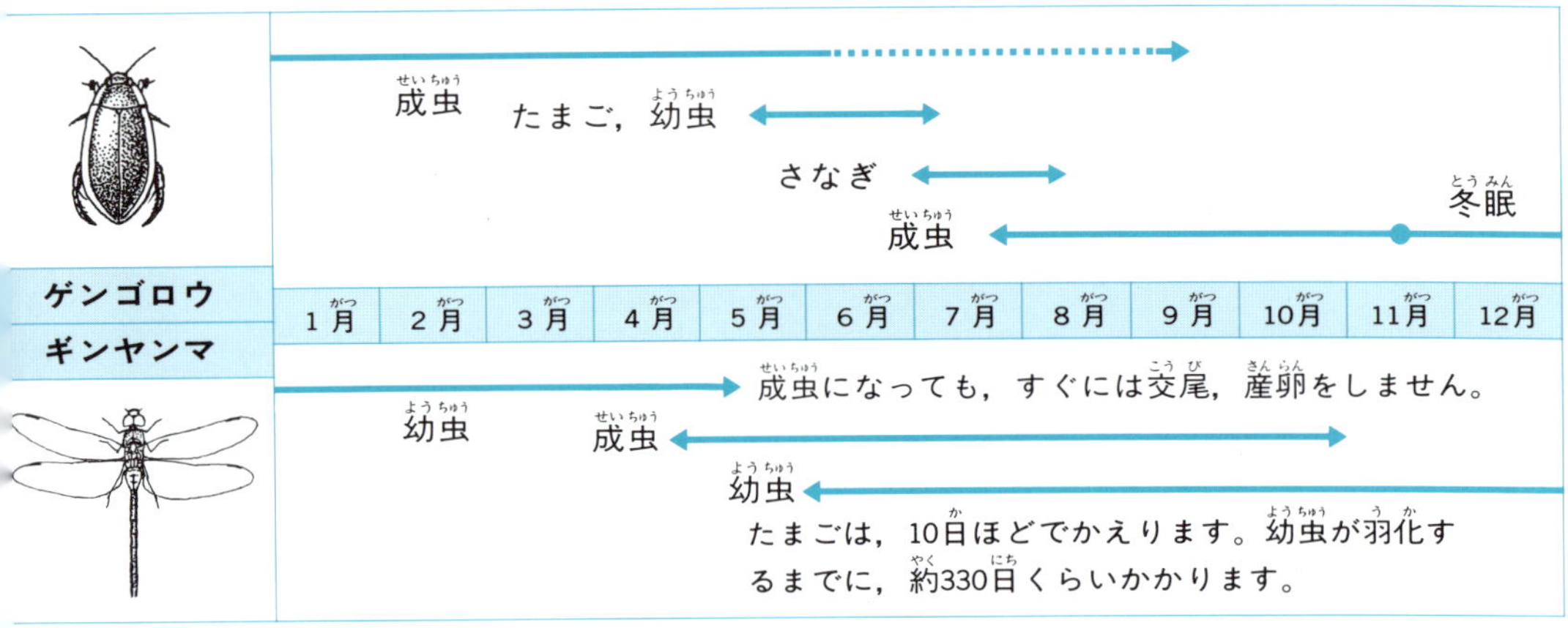
成虫《せいちゅう》
たまご，幼虫《ようちゅう》
さなぎ
冬眠《とうみん》
成虫《せいちゅう》
ゲンゴロウ
ギンヤンマ
1月《がつ》
2月《がつ》
3月《がつ》
4月《がつ》
5月《がつ》
6月《がつ》
7月《がつ》
8月《がつ》
9月《がつ》
10月《がつ》
11月《がつ》
12月《がつ》
成虫《せいちゅう》になっても，すぐには交尾《こうび》，産卵《さんらん》をしません。
幼虫《ようちゅう》
成虫《せいちゅう》
幼虫《ようちゅう》
たまごは，10日《か》ほどでかえります。幼虫《ようちゅう》が羽化《うか》するまでに，約《やく》330日《にち》くらいかかります。

トンボのなかまや、カワゲラなどの流水性《りゅうすいせい》の水生昆虫《すいせいこんちゅう》のおおくは、幼虫《ようちゅう》で冬《ふゆ》を越《こ》します。

ところが、甲虫《こうちゅう》やカメムシのなかまの水生昆虫《すいせいこんちゅう》、つまり止水性《しすいせい》の水生昆虫《すいせいこんちゅう》は、ほとんどが成虫《せいちゅう》で越冬《えっとう》します。春《はる》に冬眠《とうみん》からさめた成虫《せいちゅう》が産卵《さんらん》をし、ふ化《か》した幼虫《ようちゅう》が成虫《せいちゅう》になって、また冬《ふゆ》を越《こ》すという一生《いっしょう》をくりかえしているのです。

産卵時期《さんらんじき》は、春《はる》から夏《なつ》にかけてです。そのあいだ、何回《なんかい》にも分《わ》けて産卵《さんらん》をします。しかし、アメンボや一部《いちぶ》の水生昆虫《すいせいこんちゅう》をのぞけば、モンシロチョウやテントウムシなどのように、一年《ねん》のあいだに、何回《なんかい》も世代《せだい》をくりかえすものはいません。

水生昆虫《すいせいこんちゅう》の成虫《せいちゅう》の寿命《じゅみょう》はどれくらいでしょうか。止水性《しすいせい》の水生昆虫《すいせいこんちゅう》のおおくは成虫《せいちゅう》で冬《ふゆ》を越《こ》し、翌年《よくねん》、産卵《さんらん》がおわるまでは生《い》きているのですから、自然状態《しぜんじょうたい》では一年前後《ねんぜんご》と思《おも》われます。しかし、タガメやゲンゴロウなど、大型《おおがた》の水生昆虫《すいせいこんちゅう》では、二回冬《かいふゆ》を越《こ》し、二年近《ねんちか》くも生《い》きていたという記録《きろく》もあります。

いままでみてきた止水性《しすいせい》の水生昆虫《すいせいこんちゅう》の生活《せいかつ》を、タガメとゲンゴロウを例《れい》にとって、もう一度《ど》、図《ず》でたどってみましょう。

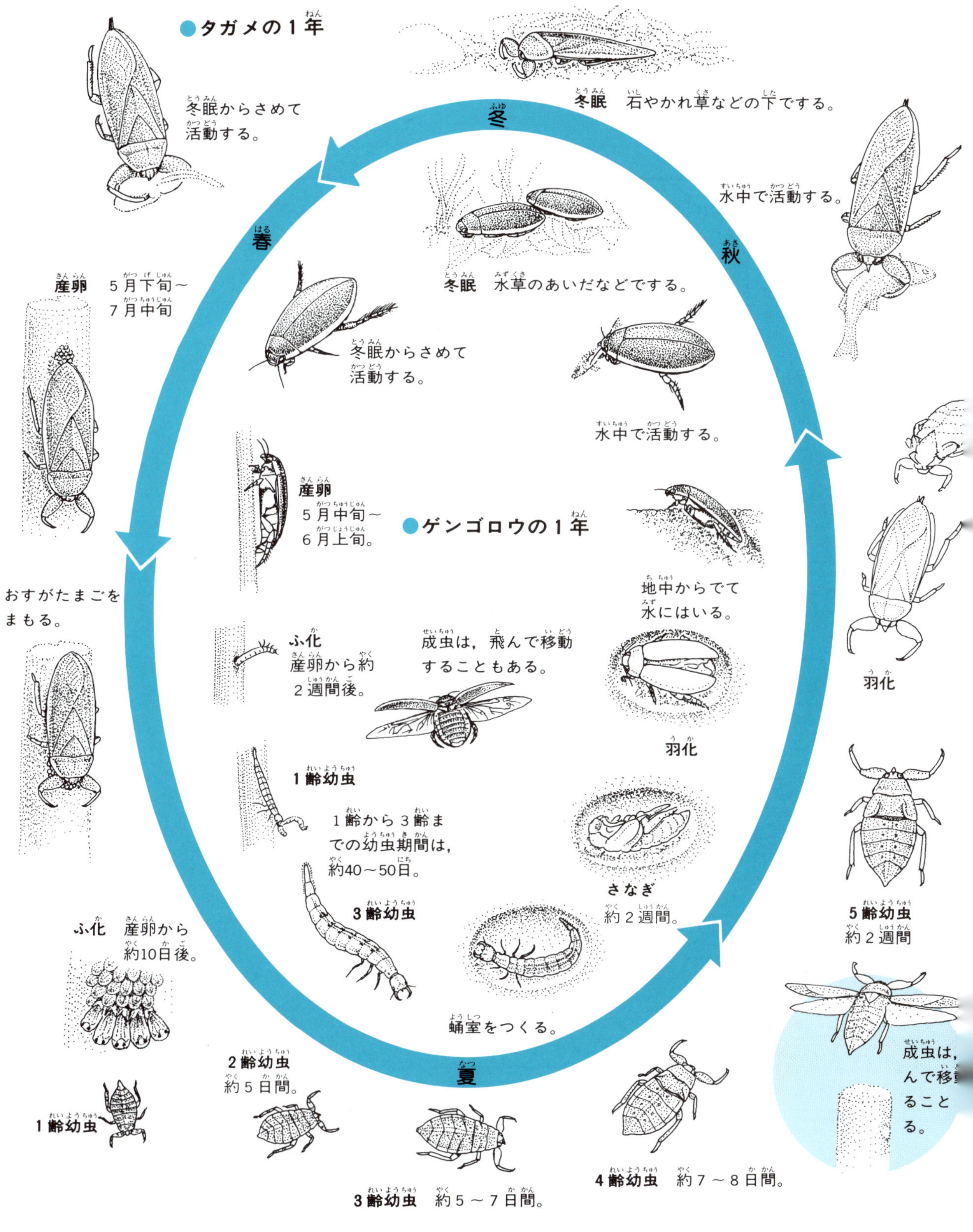

●タガメの1年《ねん》
冬眠《とうみん》からさめて活動《かつどう》する。
冬眠《とうみん》 石《いし》やかれ草《くさ》などの下《した》でする。
水中《すいちゅう》で活動《かつどう》する。
産卵《さんらん》 5月《がつ》下旬《げじゅん》～7月《がつ》中旬《ちゅうじゅん》
おすがたまごをまもる。
ふ化《か》 産卵《さんらん》から約《やく》10日後《かご》。
1齢幼虫《れいようちゅう》
2齢幼虫《れいようちゅう》 約《やく》5日間《かかん》。
3齢幼虫《れいようちゅう》 約《やく》5～7日間《かかん》。
4齢幼虫《れいようちゅう》 約《やく》7～8日間《かかん》。
5齢幼虫《れいようちゅう》 約《やく》2週間《しゅうかん》
羽化《うか》
成虫《せいちゅう》は，
んで移《い》
ること
る。
冬《ふゆ》
春《はる》
夏《なつ》
秋《あき》
●ゲンゴロウの1年《ねん》
冬眠《とうみん》 水草《みずくさ》のあいだなどでする。
冬眠《とうみん》からさめて活動《かつどう》する。
水中《すいちゅう》で活動《かつどう》する。
産卵《さんらん》 5月《がつ》中旬《ちゅうじゅん》～6月《がつ》上旬《じょうじゅん》。
ふ化《か》 産卵《さんらん》から約《やく》2週間後《しゅうかんご》。
成虫《せいちゅう》は，飛《と》んで移動《いどう》することもある。
1齢幼虫《れいようちゅう》
1齢《れい》から3齢《れい》までの幼虫期間《ようちゅうきかん》は，約《やく》40～50日《にち》。
3齢幼虫《れいようちゅう》
蛹室《ようしつ》をつくる。
さなぎ 約《やく》2週間《しゅうかん》。
羽化《うか》
地中《ちちゅう》からでて水《みず》にはいる。

＊水生昆虫《すいせいこんちゅう》の飼《か》い方《かた》

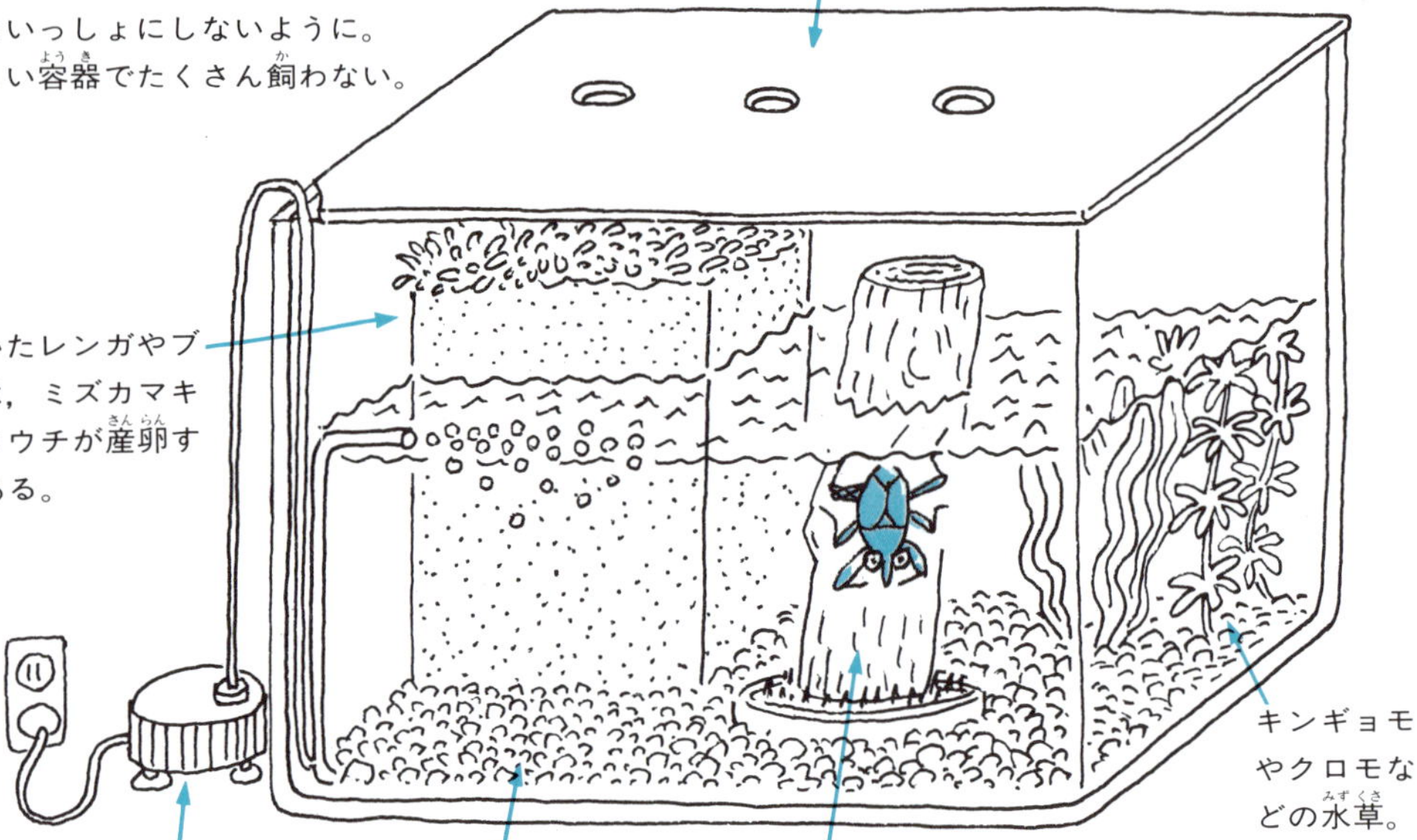

空気《くうき》あなをあけたプラスチック板《ばん》かあみでふたをする。

なるべく同《おな》じ種類《しゅるい》をいれる。とくに，タガメとはいっしょにしないように。また，せまい容器《ようき》でたくさん飼《か》わない。

コケをおいたレンガやブロックには，ミズカマキリやタイコウチが産卵《さんらん》することがある。

キンギョモやクロモなどの水草《みずくさ》。

エアポンプをつかうときは，なるべく底面《ていめん》フィルターで水《みず》をろ過《か》させる。

砂利《じゃり》や砂《すな》。

ぼうくいなどを，生《い》け花《ばな》の剣山《けんざん》にさす。タガメに産卵《さんらん》させる場合《ばあい》は，水面《すいめん》より10cmはだす。


野外《やがい》にいっても、水生昆虫《すいせいこんちゅう》はなかなかみつけられなくなりました。それでも、池《いけ》やたんぼなどにいけば、アメンボやミズカマキリなどは、比較的《ひかくてき》よくみつかりますし、店《みせ》で売《う》っていることもあります。

水生昆虫《すいせいこんちゅう》を飼育《しいく》して、野外《やがい》ではくわしく観察《かんさつ》できないさまざまなくらしぶりを観察《かんさつ》してみましょう。

●**採集《さいしゅう》**　池《いけ》や小川《おがわ》の、水草《みずくさ》や藻《も》がしげっているところを、じょうぶなあみで何回《なんかい》もすくってみよう。

●**もちかえるとき**　えら呼吸《こきゅう》のヤゴの場合《ばあい》、容器《ようき》に水《みず》をいれます。また、タガメやゲンゴロウなどの場合《ばあい》、もちかえりに時間《じかん》がかかるときは、ぬれた水草《みずくさ》などをたっぷりいれます。共食《ともぐ》いをよくするので、容器《ようき》にはたくさんいれないことです。

●**飼育《しいく》**　水生昆虫《すいせいこんちゅう》は生《い》きたえさを食《た》べるものがおおく、長期間《ちょうきかん》にわたって飼《か》いつづけるのはむずかしいものです。えさをあたえきれなくなったら、はやめに野外《やがい》にはなしてやりましょう。

どんなえさをあたえるか

●カメムシのなかま

ほとんどの種類《しゅるい》が肉食性《にくしょくせい》です。小魚《こざかな》、オタマジャクシ、子《こ》ガエル、小《こ》エビ、昆虫《こんちゅう》など、飼育《しいく》する種類《しゅるい》の大《おお》きさにあった、生《い》きたえさをあたえます。

(例《れい》)タガメ→子《こ》ガエル。ミズカマキリ→オタマジャクシ。アメンボ→ハエ。

●ゲンゴロウのなかま

肉食性《にくしょくせい》ですが、死《し》んだものでも食《た》べます。

(例《れい》)魚《さかな》や肉《にく》の切《き》り身《み》、水《みず》につけてやわらかくしたニボシ、シラスボシなど。

●ガムシのなかま

成虫《せいちゅう》は草食性《そうしょくせい》、幼虫《ようちゅう》は肉食性《にくしょくせい》です。

(例《れい》)成虫《せいちゅう》→水草《みずくさ》やかれた水草《みずくさ》。幼虫《ようちゅう》→生《い》きた小魚《こざかな》やオタマジャクシ、ミミズ、ボウフラ、アカムシなど。

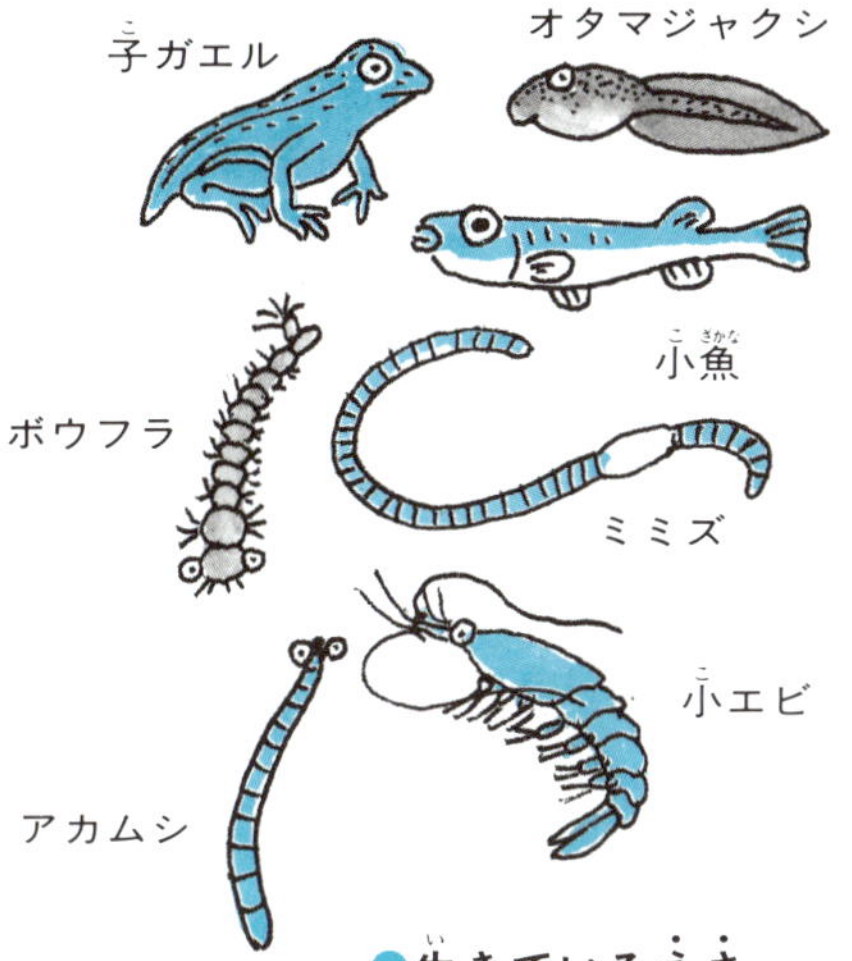
子《こ》ガエル
オタマジャクシ
小魚《こざかな》
ボウフラ
ミミズ
小《こ》エビ
アカムシ

●生《い》きているえさ

たまごをうんだら

●タガメやコオイムシ、ゲンゴロウのなかまは、たまごをうんだら、ふ化《か》するまで、たまごをそっとしておきます。

●ガムシやミズカマキリ、タイコウチ、大型《おおがた》のゲンゴロウは、たまごを親《おや》と別《べつ》にしておきます。

●幼虫《ようちゅう》は、すぐに共食《ともぐ》いをはじめます。そのままにしておくと、いずれ一ぴきになってしまいます。ふ化《か》したら、あきビンやカップなどに、一ぴきずつわけて飼《か》いましょう。

ゲンゴロウの幼虫《ようちゅう》は，カップめんなどの容器《ようき》がいい。

タガメの幼虫《ようちゅう》は，水《みず》ようかんなどの容器《ようき》がいい。

幼虫《ようちゅう》が小《ちい》さいうちは，身近《みぢか》にあるいらなくなった容器《ようき》で飼《か》えるので，共食《ともぐ》いしないように1ぴきずつ飼《か》いましょう。

冬眠《とうみん》のさせ方《かた》

水《すい》そうの水温《すいおん》がセ氏《し》十〜十二度《ど》ぐらいになると、水生昆虫《すいせいこんちゅう》はそろそろ冬眠《とうみん》をはじめます。種類《しゅるい》によって、冬眠《とうみん》のさせ方《かた》がちがいます。

●ガムシやゲンゴロウ、ミズカマキリ、マツモムシは、水《すい》そうに水《みず》をいれたままにします。

●タガメやコオイムシ、タイコウチ、アメンボは、水《すい》そうの水《みず》をすてて、しめった土《つち》の上《うえ》に、かれ草《くさ》やわらをかさねておきます。

どちらの場合《ばあい》も、水《みず》がこおったり、温度《おんど》の変化《へんか》がはげしいところには、水《すい》そうをおかないように注意《ちゅうい》しましょう。

●タガメ，コオイムシなどの場合《ばあい》

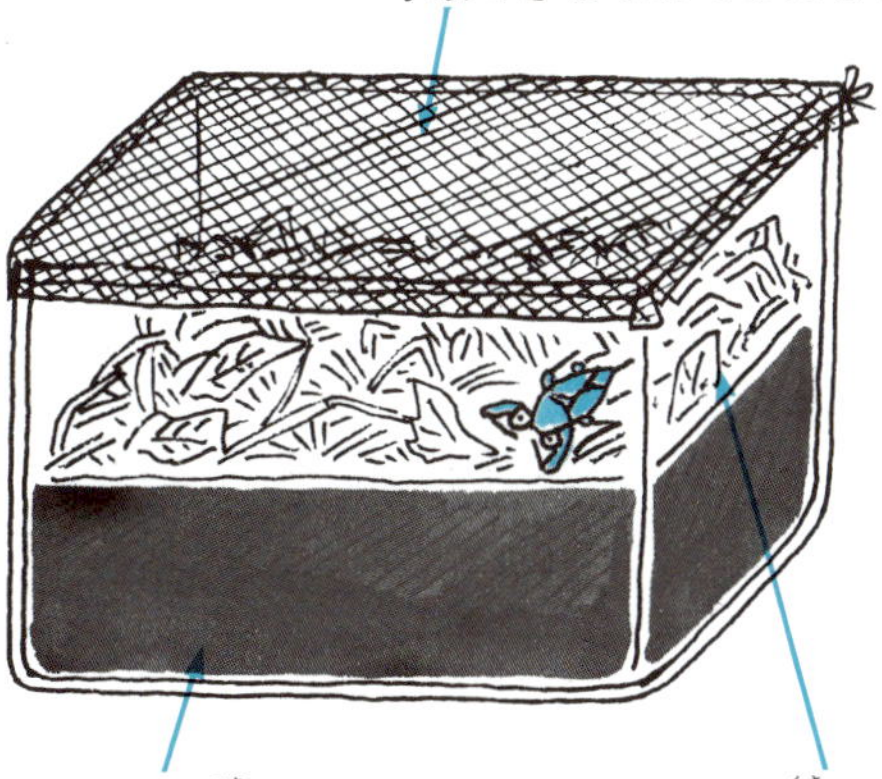
呼吸《こきゅう》できるものでふたをする。
しめった土《つち》。
かれ草《くさ》やわら。

＊アメンボをつかった実験《じっけん》

アメンボは、野外《やがい》でもっともみつけやすい水生昆虫《すいせいこんちゅう》です。水《みず》にういているので、行動《こうどう》もよくわかります。

そこでアメンボにいろいろとはたらきかけて、それにどんな反応《はんのう》をするかを観察《かんさつ》すれば、アメンボがそなえている性質《せいしつ》や能力《のうりょく》をたしかめることができます。さあ、水辺《みずべ》でアメンボをみつけたら、ためしてみませんか。

▶針金《はりがね》をむすびつけた音《おん》さをつかっても、実験《じっけん》①ができます。

実験《じっけん》①

アメンボが池《いけ》などで泳《およ》いでいるのをみつけたら、アメンボの近《ちか》くに、そっと小石《こいし》や木《こ》の葉《は》などを落《お》としてみましょう。

アメンボは、水面《すいめん》にできる小《ちい》さな波《なみ》を足《あし》で敏感《びんかん》に感《かん》じとります。えさとまちがって、近《ちか》づいてくるでしょうか。

あまり大《おお》きな物《もの》をなげこむと、アメンボはおどろいて、にげてしまいます。

実験《じっけん》②

アメンボは、水面《すいめん》にできる水《みず》のまくや、水《みず》をはじく毛《け》のはえた足《あし》を利用《りよう》して、水《みず》にういています。

もし水《みず》のまくがやぶれたり、足《あし》にはえている毛《け》が、水《みず》をはじかなくなったらどうなるでしょう。

水面《すいめん》に、石《せっ》けん水《すい》を何《なん》てきかたらしてみましょう。アメンボの足《あし》が、水《みず》をはじかなくなって、水《みず》のまくがやぶれてしまいます。アメンボはどうなるでしょうか。

実験《じっけん》③

アメンボは、流《なが》れのあるところでも、同《おな》じ場所《ばしょ》にとどまっていることができます。アメンボは、まわりの景色《けしき》をみて、自分《じぶん》の姿勢《しせい》をたもつ性質《せいしつ》があるからです。

もようをえがいた紙《かみ》づつをつくり、アメンボがはいった容器《ようき》をかこみます。はやさや向《む》きをかえたりして、紙《かみ》づつをぐるぐるまわしてみましょう。アメンボは、どんな反応《はんのう》をするでしょう。

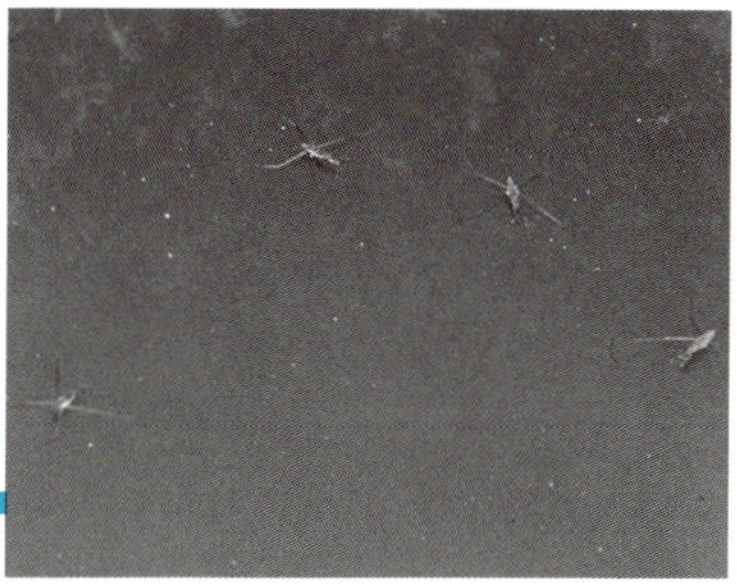

①アメンボがいる水面《すいめん》に，小石《こいし》をなげてみた。でも波《は》もんが小《ちい》さすぎて，アメンボは反応《はんのう》しない。大《おお》きな石《いし》をなげこんだら，アメンボはにげてしまった。

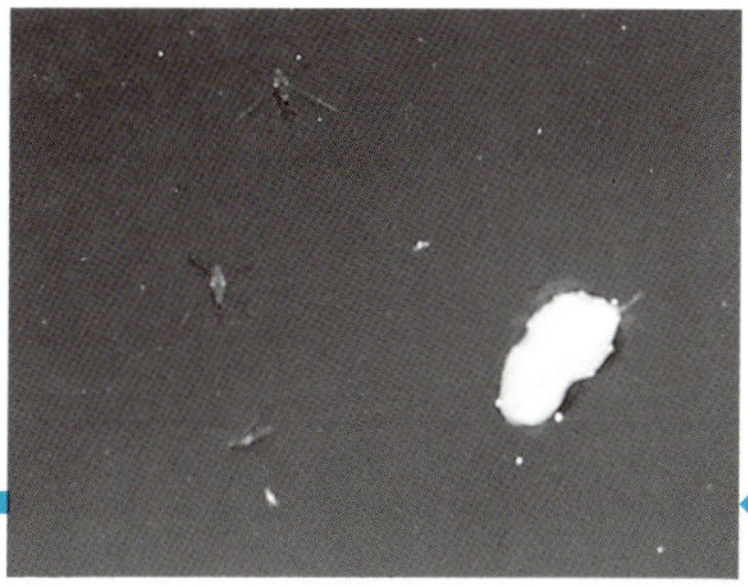

②草《くさ》の葉《は》をおとしてみた。小《ちい》さな波《は》もんができた。でも，アメンボはよってこない。どうやら水面《すいめん》に物《もの》が落《お》ちただけでは，だまされないようだ。

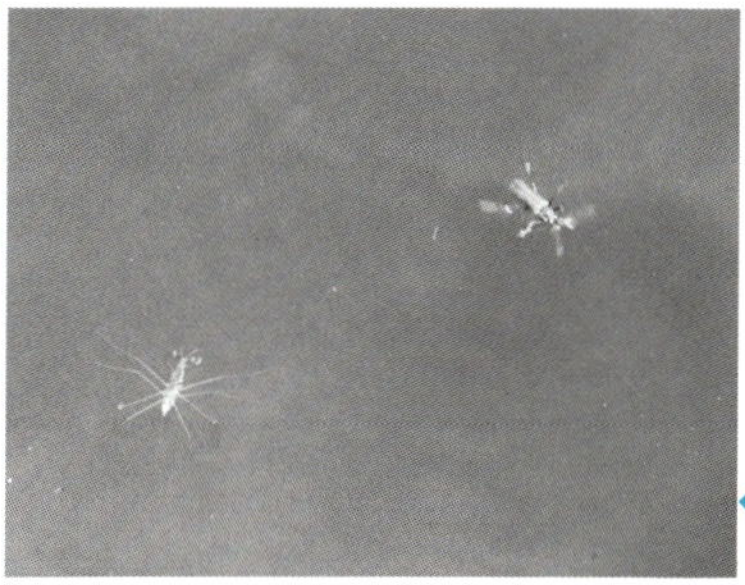

③ちょっとかわいそうだが，生《い》きている小《ちい》さな昆虫《こんちゅう》を落《お》としてみた。水面《すいめん》でもがく昆虫《こんちゅう》の動《うご》きで，こまかい波《は》もんが広《ひろ》がり，アメンボがよってきた。

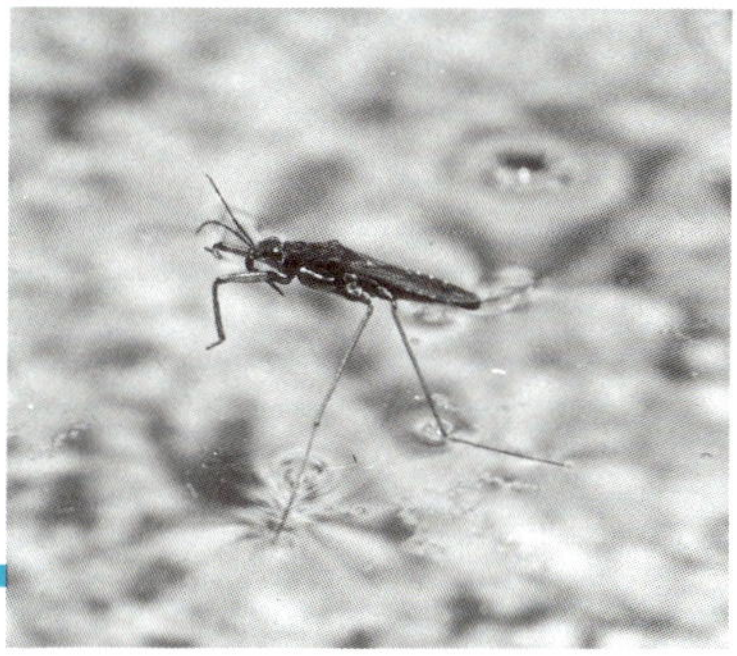

①アメンボがうかぶ容器《ようき》の水面《すいめん》に，石《せっ》けん水《すい》を数《すう》てきたらしてみた。しばらくはアメンボに変《へん》化《か》はなかった。

②しばらくするとアメンボの足《あし》がしずみだした。水《みず》のまくがやぶれてしまったらしい。ついにからだが水《みず》につかってしまった。

③アメンボは，あわてて泳《およ》ぎだした。このままでは，アメンボはおぼれてしまうので，水《みず》からだしてやった。

①もようをえがいた紙《かみ》づつで，アメンボをいれた容器《ようき》をおおう。アメンボが，あるもようのところで動《うご》かなくなるのをまつ。

②紙《かみ》づつをゆっくり右《みぎ》にまわすと，アメンボもゆっくり動《うご》き，①で向《む》いていたもようの方向《ほうこう》に向《む》きをかえた。

③はやくまわすと，アメンボはおどろいて，容器《ようき》の中《なか》をあちこち走《はし》りまわり，やがて①とちがうもようの方向《ほうこう》に向《む》いた。

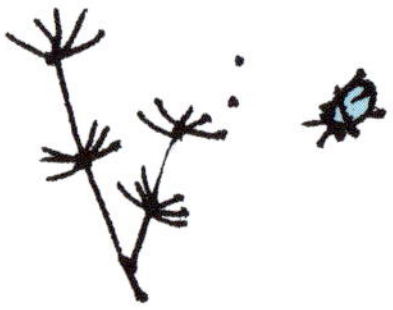

あとがき

以前《いぜん》、よく水生昆虫《すいせいこんちゅう》をつかまえたり、撮影《さつえい》にでかけていた場所《ばしょ》がありました。夜《よる》にでかければ、かならずタガメやゲンゴロウがみられる地域《ちいき》でした。ところがある冬《ふゆ》に、ブルドーザーがきてたんぼを改造《かいぞう》し、水路《すいろ》をコンクリートでつくりかえてしまいました。

思《おも》ったとおりその年《とし》は、小型《こがた》のゲンゴロウをのぞき、水生昆虫《すいせいこんちゅう》はほとんどみられなくなりました。その後《ご》、何度《なんど》もそばを通《とお》ってみたものの、やはり以前《いぜん》のようには水生昆虫《すいせいこんちゅう》はいなくなってしまいました。機械《きかい》で植《う》えられたイネだけが青《あお》あおと育《そだ》っていました。

農薬《のうやく》や技術《ぎじゅつ》の進歩《しんぽ》で、最近《さいきん》はよりたくさんのお米《こめ》がとれるようになりました。でも、それと引《ひ》きかえに、人間《にんげん》は水田《すいでん》から水生昆虫《すいせいこんちゅう》をしめだそうとしています。害虫《がいちゅう》がいない、雑草《ざっそう》のない、作業《さぎょう》のしやすい水田《すいでん》。それは人間《にんげん》にとってはよいことのように思《おも》われます。しかし、水生昆虫《すいせいこんちゅう》のすんでいない環境《かんきょう》、ぎゃくにいえば、すめない環境《かんきょう》が、人間《にんげん》にとってほんとうによい環境《かんきょう》といえるのでしょうか。水生昆虫《すいせいこんちゅう》は生活環境《せいかつかんきょう》のよしあしを判断《はんだん》するてがかりともいえるでしょう。

この本《ほん》をつくるにあたり、おおくの方《かた》がたのお世話《せわ》になりました。とくにおいそがしいなかを監修《かんしゅう》をしてくださった高家博成先生《たかいえひろしげせんせい》には、この場《ば》をおかりして、心《こころ》からお礼《れい》を申《もう》し上《あ》げます。

増田戻樹《ますだもどき》

（一九八七年九月）

NDC486

増田戻樹

科学のアルバム　虫 19

水生昆虫のひみつ

あかね書房 2022

54P　23×19cm

科学のアルバム

水生昆虫のひみつ

一九八七年九月初版
二〇〇五年 四 月新装版第 一 刷
二〇二二年一〇月新装版第一四刷

著者　増田戻樹
発行者　岡本光晴
発行所　株式会社 あかね書房
〒一〇一―〇〇六五
東京都千代田区西神田三―二―一
電話〇三―三二六三―〇六四一（代表）
ホームページ http://www.akaneshobo.co.jp
印刷所　株式会社 精興社
写植所　株式会社 田下フォト・タイプ
製本所　株式会社 難波製本

ISBN978-4-251-03395-6
定価は裏表紙に表示してあります。

○表紙写真

・タイコウチのふ化《か》

○裏表紙写真（上から）

・めすの背中《せなか》につかまって泳《およ》ぐ
　ゲンゴロウのおす

・タガメのふ化

・魚《さかな》をとらえて体液《たいえき》をすうタガメの幼虫《ようちゅう》

○扉写真

・おすの背中《せなか》に産卵《さんらん》するコオイムシのめす

○もくじ写真

・水面《すいめん》で波《は》もんをたてて会話《かいわ》をする
　アメンボ

科学のアルバム

全国学校図書館協議会選定図書・基本図書
サンケイ児童出版文化賞大賞受賞

虫

- モンシロチョウ
- アリの世界
- カブトムシ
- アカトンボの一生
- セミの一生
- アゲハチョウ
- ミツバチのふしぎ
- トノサマバッタ
- クモのひみつ
- カマキリのかんさつ
- 鳴く虫の世界
- カイコ まゆからまゆまで
- テントウムシ
- クワガタムシ
- ホタル 光のひみつ
- 高山チョウのくらし
- 昆虫のふしぎ 色と形のひみつ
- ギフチョウ
- 水生昆虫のひみつ

植物

- アサガオ たねからたねまで
- 食虫植物のひみつ
- ヒマワリのかんさつ
- イネの一生
- 高山植物の一年
- サクラの一年
- ヘチマのかんさつ
- サボテンのふしぎ
- キノコの世界
- たねのゆくえ
- コケの世界
- ジャガイモ
- 植物は動いている
- 水草のひみつ
- 紅葉のふしぎ
- ムギの一生
- ドングリ
- 花の色のふしぎ

動物・鳥

- カエルのたんじょう
- カニのくらし
- ツバメのくらし
- サンゴ礁の世界
- たまごのひみつ
- カタツムリ
- モリアオガエル
- フクロウ
- シカのくらし
- カラスのくらし
- ヘビとトカゲ
- キツツキの森
- 森のキタキツネ
- サケのたんじょう
- コウモリ
- ハヤブサの四季
- カメのくらし
- メダカのくらし
- ヤマネのくらし
- ヤドカリ

天文・地学

- 月をみよう
- 雲と天気
- 星の一生
- きょうりゅう
- 太陽のふしぎ
- 星座をさがそう
- 惑星をみよう
- しょうにゅうどう探検
- 雪の一生
- 火山は生きている
- 水 めぐる水のひみつ
- 塩 海からきた宝石
- 氷の世界
- 鉱物 地底からのたより
- 砂漠の世界
- 流れ星・隕石